Android 开发实战

主编　张春波

北京工业大学出版社

图书在版编目（CIP）数据

Android 开发实战 / 张春波主编. — 北京 : 北京工业大学出版社，2017.11（2023.5）

ISBN 978-7-5639-5849-8

Ⅰ. ①A… Ⅱ. ①张… Ⅲ. ①移动终端－应用程序－程序设计－高等学校－教材 Ⅳ. ①TN929.53

中国版本图书馆 CIP 数据核字（2017）第 306655 号

Android 开发实战

主　　编：张春波
责任编辑：刘亚茹
封面设计：晟　熙
出版发行：北京工业大学出版社
（北京市朝阳区平乐园 100 号　邮编：100124）
010-67391722（传真）　bgdcbs@sina.com
出 版 人：郝　勇
经销单位：全国新华书店
承印单位：北京市迪鑫印刷厂
开　　本：787 毫米 ×1092 毫米　1/16
印　　张：11.5
字　　数：260 千字
版　　次：2017 年 11 月第 1 版
印　　次：2023 年 5 月第 2 次印刷
标准书号：ISBN 978-7-5639-5849-8
定　　价：45.00 元

前　言

Android 是目前最流行的智能手机软件平台，据相关报告称，2014 年，Android 手机的销售量占到全球份额的 81%，首次达到 10 亿部，其余如苹果、微软、黑莓、火狐等系统的手机则远远落后于它。本书从初学者的角度出发，循序渐进地讲解使用 Android 开发应用应该掌握的各项技术，适合 Android 开发的初学者、程序员使用，也可以作为大中专院校相关专业和培训学校的教材。

本书共 9 章，主要内容包括：Android 快速入门、Android 应用开发基础、网络开发技术基础、UI 的开发、Activity 和 Fragment、Service 和 BroadcastReceive、Intent 和 IntentFilter、HTTP 数据通信和多媒体开发。

由于编者水平有限，书中不足之处在所难免，敬请各位读者、专家批评指正。

编　者

目　录

第 1 章　Android 快速入门

1.1　Android 概述

Android 是一个以 Linux 为基础的半开源操作系统，主要用于移动设备，由 Google（谷歌）和开放手持设备联盟开发与领导。Android 系统最初由安迪 · 鲁宾（Andy Rubin）开发创建，最初主要支持手机。2005 年 8 月 17 日被 Google 收购。2007 年 11 月 5 日，Google 与 84 家硬件制造商、软件开发商及电信运营商组成开放手持设备联盟（Open Handset Alliance）来共同研发改良 Android 系统并生产搭载 Android 的智慧型手机，并逐渐拓展到平板电脑及其他领域上。随后，Google 以 Apache 免费开源许可证的授权方式，发布了 Android 的源代码。

1.1.1 Android 平台的五大优势

1. 开放性

Android 平台最大的优势就是其开放性，开放的平台允许任何移动终端厂商加入 Android 联盟中来。显著的开放性可以使其拥有更多的开发者，随着用户和应用的日益丰富，一个崭新的平台也就会很快走向成熟。

开放性对于 Android 的发展而言，有利于积累人气，这里的人气包括消费者和厂商，对于消费者来讲，最大的受益正是丰富的软件资源。开放的平台也会带来更大竞争，如此一来，消费者可以用更低的价位购得心仪的手机。

2. 挣脱运营商的束缚

在过去很长的一段时间，特别是在欧美地区，手机应用往往受到运营商制约，使用什么功能、接入什么网络几乎都受到运营商的控制。从 2007 年 iPhone 上市，用户才可以更加方便地连接网络，运营商的制约开始减少。随着 EDGE、HSDPA 这些 2G、3G 移动网络的逐步过渡和提升，手机随意接入网络已不是运营商业中的笑谈，当用户可以通过手机软件方便地进行即时聊天时，再回想很久之前天价的彩信和图铃下载业务，是不是像噩梦一样？

互联网巨头 Google 推动的 Android 终端天生就有网络特色，让用户离互联网更近。

3. 丰富的硬件选择

这一点还是与 Android 平台的开放性有关，由于 Android 的开放性，众多的厂商会推出千奇百怪、功能各异的产品，虽然在功能上存在差异，但这并不会影响到数据同步、软件兼容。

4. 开发商不受任何限制

Android 平台提供给第三方开发商一个十分宽泛、自由的环境，使之不会受到各种条条框框的阻挠，许多新颖别致的软件因此诞生。但也有其两面性，血腥、暴力、情色方面的程序和游戏如何控制正是留给 Android 的难题之一。

5. 无缝结合的 Google 应用

如今叱咤互联网的 Google 已经走过 20 年的历史，从搜索巨人到全面的互联网渗透，Google 服务如地图、邮件、搜索等已经成为连接用户和互联网的重要纽带，而 Android 平台手机将无缝结合这些优秀的 Google 服务。

1.1.2 Android 的相关版本

Android 在正式发行之前，最开始拥有两个内部测试版本，并且以著名的机器人名称命名，它们分别是阿童木（Android Beta）和发条机器人（Android 1.0）。后来由于涉及版权问题，谷歌将其命名规则变更为用甜点作为它们系统版本的代号。甜点命名法开始于 Android 1.5 发布的时候。

（1）Android 1.5——Cupcake（纸杯蛋糕），于 2009 年 4 月 30 日发布。其主要更新如下：支持拍摄和播放影片，并支持上传到 Youtube；支持立体声蓝牙耳机，同时改善自动配对性能；采用最新 WebKit 技术的浏览器，支持复制、粘贴和页面中搜索；GPS 性能大大提高；提供屏幕虚拟键盘；主屏幕增加音乐播放器和相相等 Widgets；应用程序自动随着手机旋转；短信、Gmail、日历、浏览器的用户接口大幅改进，如 Gmail 可以批量删除邮件；相机启动速度加快，拍摄图片可以直接上传到 Picasa；来电照片显示。

（2）Android 1.6——Donut（甜甜圈），于 2009 年 9 月 15 日发布。其主要更新如下：重新设计的 Android Market 手势；支持 CDMA 网络；增加文字转语音系统、快速搜索框、全新的拍照接口；支持查看应用程序耗电；支持虚拟私人网络（VPN）；支持更多的屏幕分辨率；支持 OpenCore2 媒体引擎；新增面向视觉或听觉困难人群的易用性插件。

（3）Android 2.0/2.0.1/2.1——Eclair（松饼）于，2009 年 10 月 26 日发布。其主要更新如下：优化硬件速度；增加 Car Home 程序；支持更多的屏幕分辨率；改良用户界面；增加新的浏览器的用户接口，支持 HTML5；增加新的联系人名单；支持更好的白色 / 黑色背景比率；改进 Google Maps3.1.2；支持 Microsoft Exchange；支持内置相机闪光灯；支持数码变焦；改进虚拟键盘；支持蓝牙 2.1；支持动态桌面的设计。

（4）Android 2.2/2.2.1——Froyo（冻酸奶），于2010年5月20日发布。其主要更新如下：整体性能大幅度提升；新增3G网络共享功能；支持Flash；新增App2SD功能；全新的软件商店；更多的Web应用API接口的开发。

（5）Android 2.3.x——Gingerbread（姜饼），于2010年12月7日发布。其主要更新如下：增加了新的垃圾回收和优化处理事件；原生代码可直接存取输入和感应器事件、EGL/OpenGLES、OpenSL ES；增加了新的管理窗口和生命周期的框架；支持VP8和WebM视频格式，提供AAC和AMR宽频编码，提供新的音频效果器；支持前置摄像头、SIP/VOIP和NFC（近场通讯）；简化界面，速度提升；更快更直观的文字输入；一键文字选择和复制、粘贴；改进电源管理系统；新的应用管理方式。

（6）Android 3.0——Honeycomb（蜂巢），于2011年2月2日发布。其主要更新如下：优化针对平板；全新设计UI增强网页浏览功能；新增In-App Purchases功能。

（7）Android 3.1——Honeycomb（蜂巢），于2011年5月11日布发布。其版本主要更新如下：优化Gmail电子邮箱；全面支持Google Maps；将Android手机系统跟平板系统再次合并从而方便开发者；任务管理器可滚动，支持USB输入设备（键盘、鼠标等）；支持Google TV；可以支持XBOX 360无线手柄；新增Widget支持的变化，能更加容易地定制屏幕Widget插件。

（8）Android 3.2——Honeycomb（蜂巢），于2011年7月13日发布。其版本更新如下：支持7英寸设备；引入了应用显示缩放功能。

（9）Android 4.0——Ice Cream Sandwich（冰激凌三明治），于2011年10月19日在香港发布。其版本主要更新如下：全新的UI；全新的Chrome Lite浏览器，支持离线阅读、16标签页、隐身浏览模式等；新增截图功能、更强大的图片编辑功能；自带照片应用堪比Instagram，可以加滤镜、加相框，进行360度全景拍摄，照片还能根据地点来排序；Gmail加入手势、离线搜索功能，UI更强大；新增People功能，以联系人照片为核心，界面偏重滑动而非点击，集成了Twitter、Linkedin、Google+等通信工具；有望支持用户自定义添加第三方服务；新增流量管理工具，可具体查看每个应用产生的流量，限制使用流量，到达设置标准后自动断开网络。

（10）Android 4.1——Jelly Bean（果冻豆），于2012年6月28日发布。其新特性如下：更快、更流畅、更灵敏；特效动画的帧速提高至60fps，增加了三倍缓冲；增强通知栏；增加全新搜索，搜索将会带来全新的UI、智能语音搜索和Google Now三项新功能；桌面插件自动调整大小；加强无障碍操作；语言和输入法扩展；增加新的输入类型和功能以及新的连接类型。

（11）Android 4.2——Jelly Bean（果冻豆），于2012年10月30日 线上发布。谷歌原定于2012年10月30日召开Android 4.2的发布会，但由于受到桑迪飓风的影响而临时取消。不过谷歌仍通过其官方博客发布了全新的Android 4.2系统。Android 4.2沿用了4.1版果冻豆（Jelly Bean）这一名称，与 Android 4.1 相似性很高，但仍在细节上做了一些改进与升级，尤其是在安全性方面进行了提升。其重要更新如下：支持 Photo Sphere 全景拍照；支持键盘手势输入；支持 Miracast 无线显示共享；新增手势放大缩小屏幕，以及为盲人用户设计的语音输出和手势模式导航功能等。其中最值得关注的是，谷歌在 Android 4.2 中加入了新的恶意软件扫描功能。

（12）Android 4.3——Jelly Bean（果冻豆），于 2013 年 7 月 25 日 线上发布。Android 4.3 改进了 Android 4.2 的多项功能，新增多用户登录、智能蓝牙等多项功能。在多用户登录功能中，用户可以对应用内容进行限制，防止儿童在使用应用时看到不适宜的内容。而升级后的版本将支持蓝牙 4.0，通过该功能连接配件不会消耗过多电力。Android 4.3 也是第一款支持 OpenGL ES 3.0 的系统，这意味着升级到 Android 4.3 后，手机或者平板电脑可以显示更好的 3D 建模、阴影和反光等效果，游戏将有更好的视觉体验。

（13）Android 4.4——KitKat（奇巧），于 2013 年 9 月 4 日凌晨发布。Android 4.4 是由 Google公司制作和研发的代号为KitKat的手机操作系统，该代号来自雀巢的KitKat巧克力。Android4.4 降低了硬件的需求，改善了运行性能表现，降低了功耗需求，具有针对 512M RAM 优化、简洁清新的图标锁屏和配色方案、主动式语音功能、Hangouts 短信等新特性。Andorid 4.4 对搜索方面进行了优化，以效率为出发点，用户在主界面或 Google Now 中想要进行搜索时，无须触碰屏幕，只需要一句“OK Google”就能进行语音搜索、发送短信、获得定位，甚至播放一首歌曲。在界面显示方面，Google 将 Android 4.4 称为“美丽且身临其境”。如果用户在播放音乐或电影时暂时锁住屏幕，那么解锁界面就会出现全屏效果且呈现音乐或电影封面；“身临其境”的另一点还体现在屏幕底部导航栏的隐藏上，大部分大屏手机都将 Android 按钮内置于屏幕底部并以导航栏的形式体现，而升级到 Android 4.4 之后，进行过相关优化的应用会自动隐藏导航栏，当用户需要使用这些按键时，只要从底部滑动屏幕就可以了。在智能简便的功能体验方面，Google 同样进行了相应优化。Google 对联系人界面进行了重新设计，以用户的联系频率进行排序，同时还能对周边地点进行搜索，而当有用户未存储的电话呼入时，Google 也会自动搜索是否有相匹配的企业电话，并且显示该企业在 Google 地图中的相关信息。

（14）Android 5.1——Lollipop（棒棒糖），于 2014 年 6 月 26 日。谷歌在 6 月 26 日的 I/O 2014 开发者大会上正式推出了 Android 5.1，可以说是 Android 系统自 2008 年问世以来变化最大的升级，除了支持新的用户界面、性能升级和跨平台，全面的电池寿命的增强及更深入的应用程序集成也令人印象深刻。

（15）Android 6.0——Marshmallow（棉花糖）。2015 年 9 月 30 日凌晨，在美国旧金山举行的 2015 年秋季新品发布会上，代号为“Marshmallow（棉花糖）”的 Android 6.0 系统正式推出。新系统的整体设计风格依然保持扁平化的 MeterialDesign 风格。Android 6.0 在对软件体验与运行性能上进行了大幅度的优化。据测试，Android 6.0 可使设备续航时间提升 30%。

（16）Android 7.0——Nougat（牛轧糖）正式版本在 2016 年 8 月 22 日发布。它是由 Google 开发的 Android 操作系统的第 7 个主要版本。首个测试版本在 2016 年 3 月 9 日发布，正式版本在 2016 年 8 月 22 日发布。Android 7.0 引入了操作系统及其开发平台显著的变化，包括屏幕上的分屏视图同时显示多个应用程序的能力、内联通知回复的支持、一个基于 OpenJDK 的 Java 环境、对于先进的 Vulkan 2D/3D 图形渲染 API 的支持，以及设备的“无缝”系统更新。

（17）2017 年 3 月 22 日发布了首个 Android 8.0 的开发者预览版：Android O。Android O 的聚焦重点是电池续航能力、速度和安全，可以让用户更好地控制各种应用程序。通过对 Android 6.0（棉花糖）和 Android 7.0（牛轧糖）的改进，谷歌正慢慢让 Android 系统向竞争对手苹果的 iOS 靠拢；同时，还加大了对 App 在后台操作的限制，这种限制在一定程度上延长了安卓机在“睡眠”模式下电池的续航能力，它让不再使用的 App 进入睡眠状态，使用时再唤醒。它要达到的目标是在不卸载程序和不改变用户使用习惯的情况下，减少后台应用的用电。此外，这种对后台应用的限制会加快运行的速度。谷歌称，在其 Pixel 手机上，Android O 启动的速度比上一代 Android 7.0 快 1 倍。

我们可以想象，在未来的生活中 Android 不仅仅是移动终端上的智能平台，而且还会出现在各种电器中。因为平台开放，Android 会成为所有智能设备的 DNA，它能帮助所有设备互相理解、互相通信，并可以被人愉快地使用和控制。

1.2　搭建 Android 开发环境

1.2.1 安装 JDK

（1）解压 jdk-7u79-windows-x64.exe（也可以直接运行），如图 1-1 所示。

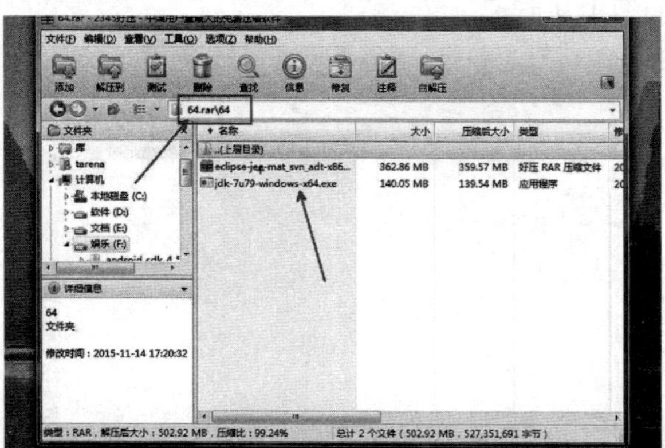

图 1-1 解压 JDK 包

（2）根据安装向导提示，点击“下一步”按钮，如图 1–2 所示。

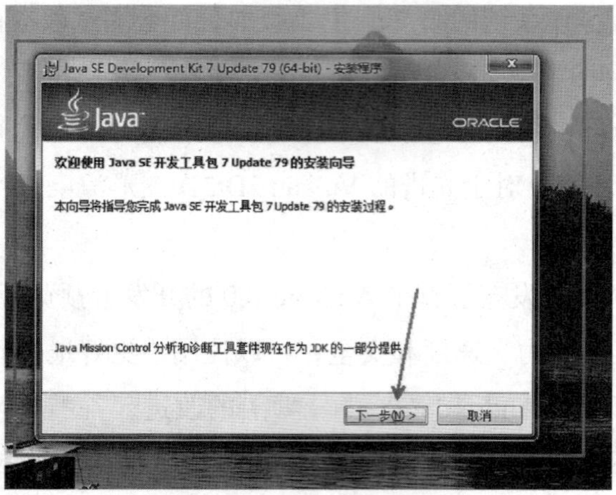

图 1–2 点击“下一步”

（3）进入安装目录设置，用户可以修改安装目录，一般推荐使用默认安装目录，如图 1–3 所示。

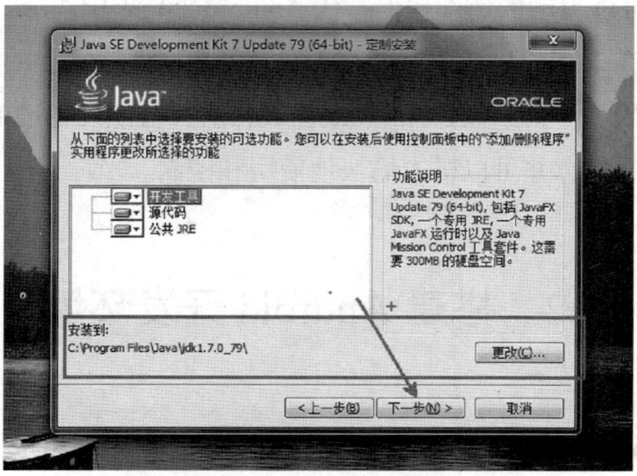

图 1–3 安装目录设置

（4）开始安装，如图 1–4 所示。

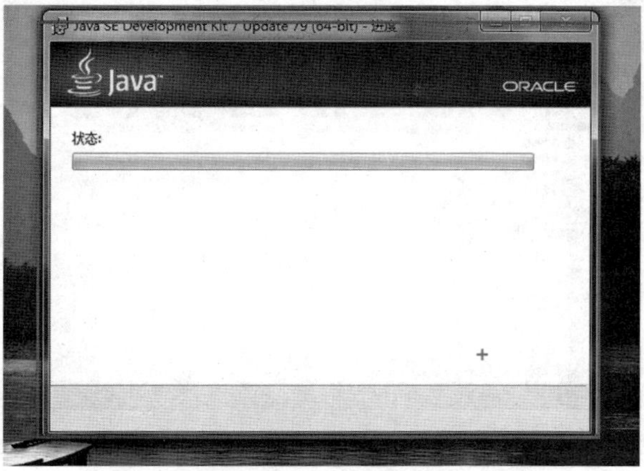

图 1–4 开始安装

（5）选择 jre 安装目录，可以修改但不能有中文，建议选择默认安装，如图 1–5 所示。

图 1–5　选择 jre 安装目录

（6）开始安装 jre，如图 1–6 所示。

图 1–6　开始安装 jre

（7）安装结束点击“关闭”按钮，如图 1–7 所示。

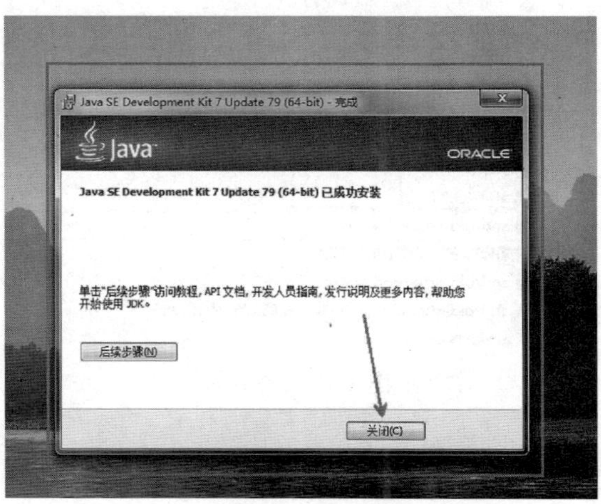

图 1–7　安装结束

1.2.2 安装 SDK

（1）解压压缩文件 android sdk-4-5-6.zip，如图 1–8 所示，注意目录不能包含中文路径。

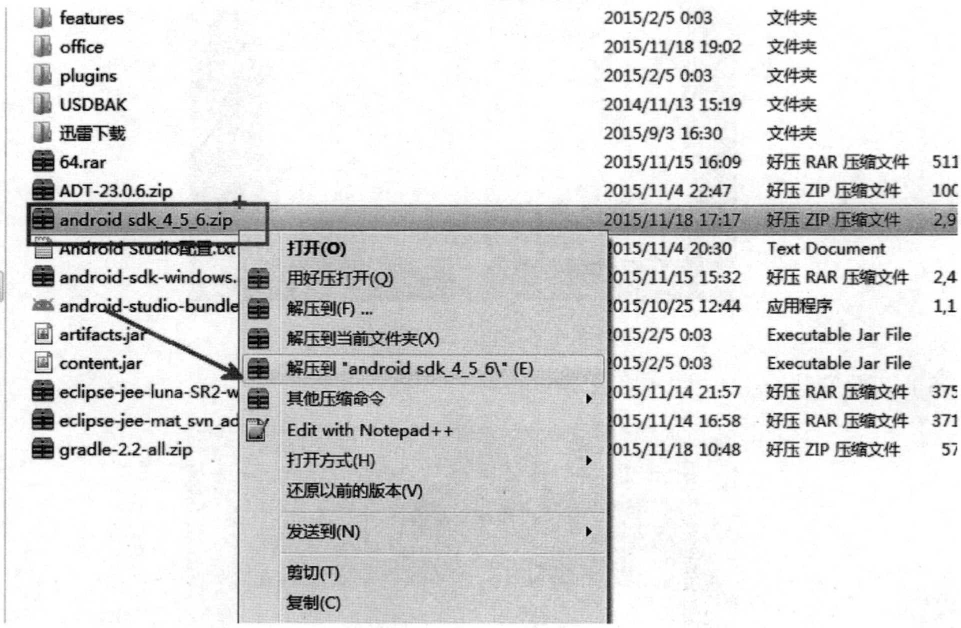

图 1–8 解压文件

（2）解压后的文件目录如图 1–9 所示。

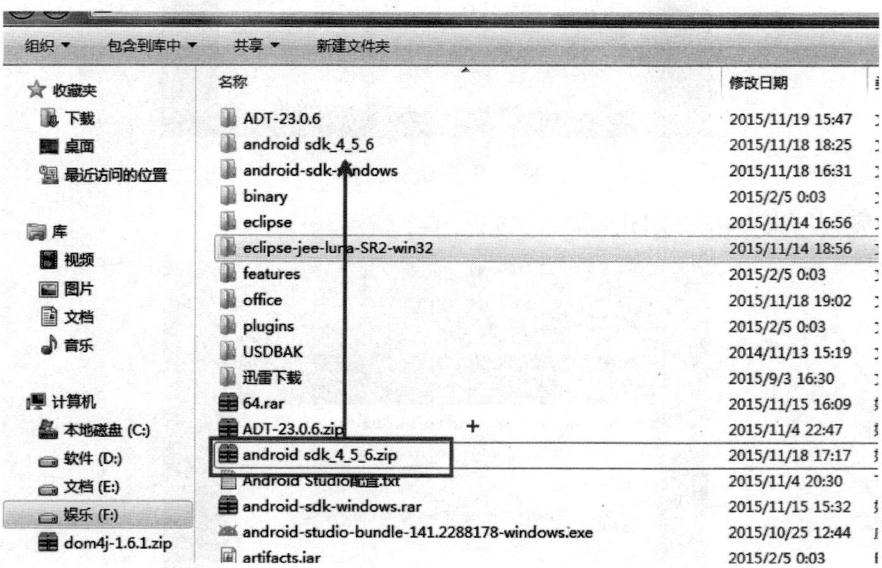

图 1–9 文件目录

1.2.3 设置环境变量

（1）找到 jdk 安装目录，复制该目录，如图 1–10 所示。

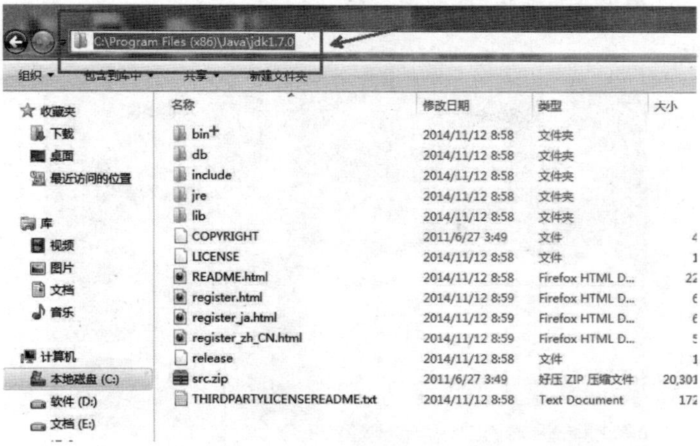

图 1–10 复制目录

（2）打开环境变量添加 JAVA_HOME 变量，如图 1–11 所示，将值设置为第一步复制的路径。

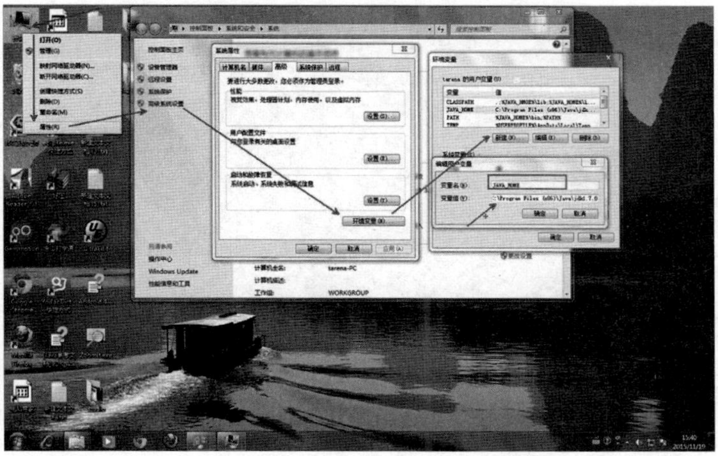

图 1–11 添加 JAVA_HOME 变量

（3）设置 CLASSPATH 变量，变量值为“.;%JAVA_HOME%\bin;%JAVA_HOME%\lib\tools.jar”，如图 1–12 所示，注意变量最前面有点符号。

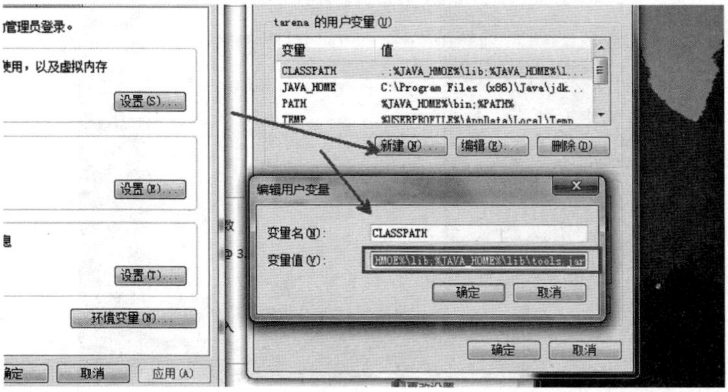

图 1–12 设置 CLASSPATH 变量

（4）测试 jdk 环境变量是否配置完成，按快捷键“win+R”，弹出如图 1–13 所示界面，输入“CMD”，点击“确定”按钮，进入测试程序。

图 1–13 打开 CMD

（5）在 CMD.exe 界面中输入“java –version”，若结果如图 1–14 所示，则表示配置成功。

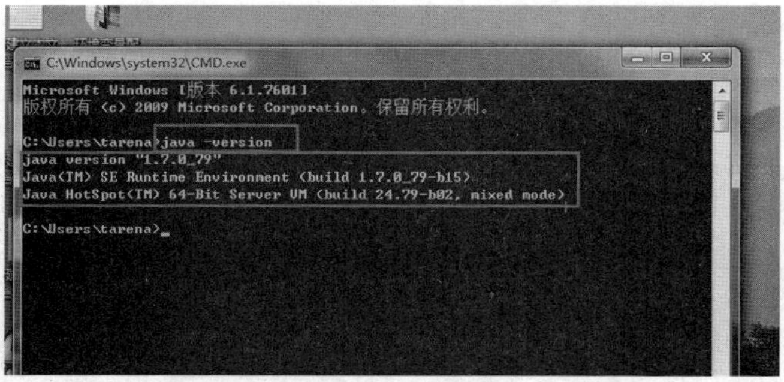

图 1–14 设置成功

1.2.4 安装 Android Studio

（1）直接运行 android–studio–bundle–141.2288178–windows.exe 文件，进入安装，点击“Next”按钮，如图 1–15 所示。

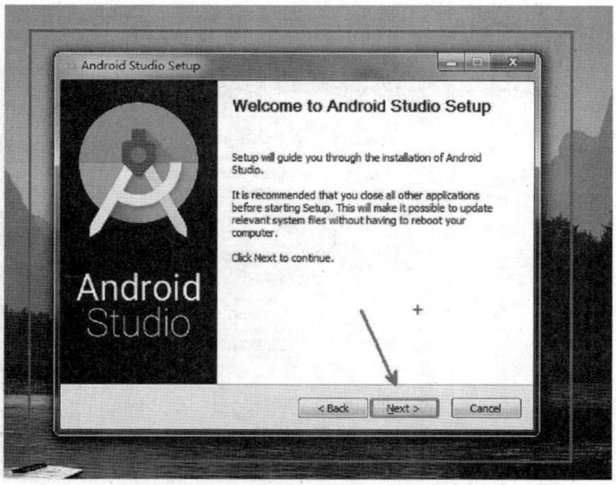

图 1–15 安装 Android Studio

（2）默认选择进入下一步，点击“Next”按钮进入下一步，如图 1–16 所示。

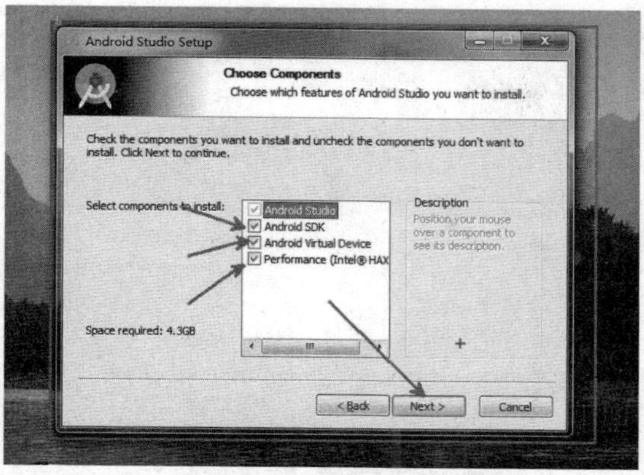

图 1–16 点击“Next”

（3）点击“I Argee ”按钮进入下一步，如图 1–17 所示。

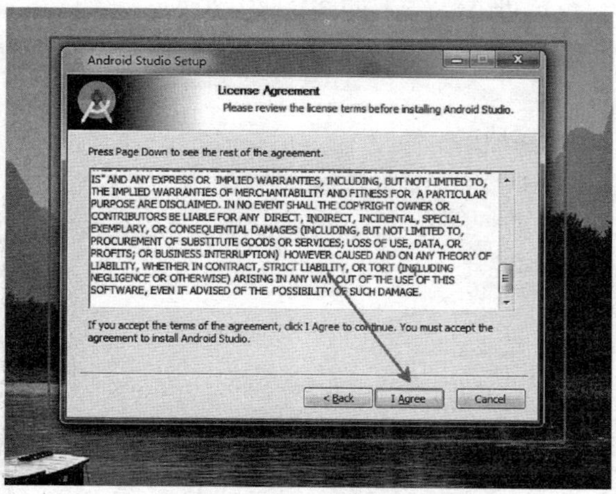

图 1–17 点击“I Argee”按钮

（4）可以选择 Studio 安装目录和 SDK 安装路径（建议选择默认安装路径）。如果 C 盘存储空间不足（少于 10G 可用空间），请选择其他磁盘，注意不能有中文路径，如图 1–18 所示。

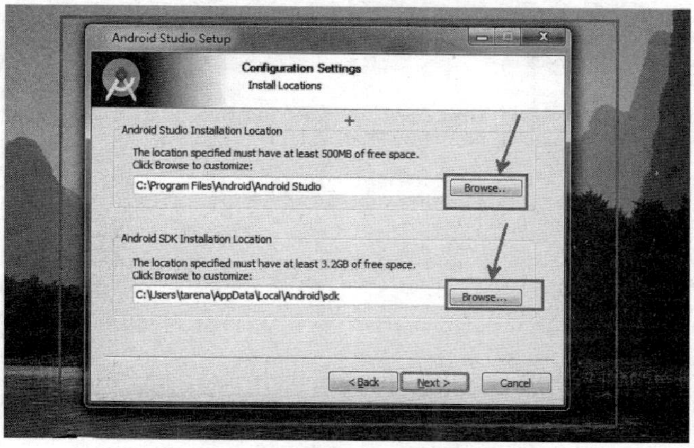

图 1–18　选择安装路径

（5）默认安装选项，点击“Next”按钮，如图 1–19 所示。

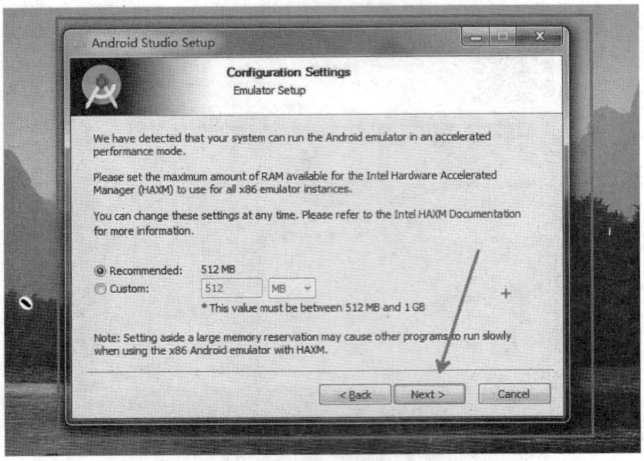

图 1–19 点击“Next”按钮

（6）点击“Install”按钮进入安装，如图 1–20 所示。

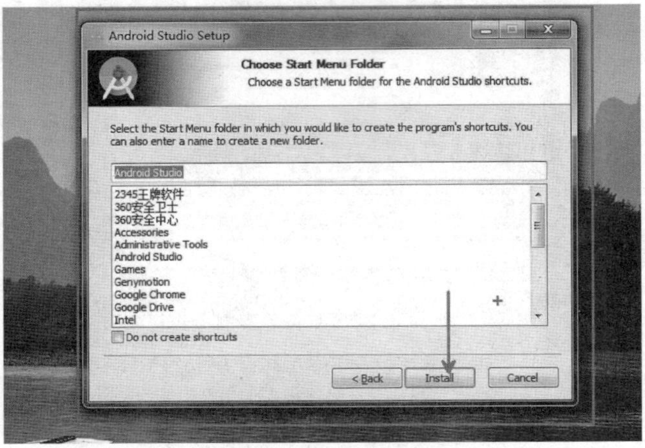

图 1–20 进入安装

（7）开始安装 Studio，如图 1–21 所示。

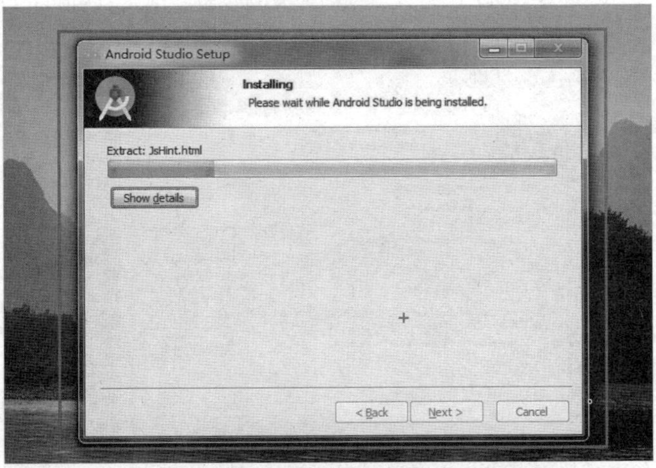

图 1–21 安装进度

（8）自动进入 SDK 安装，如图 1–22 所示。

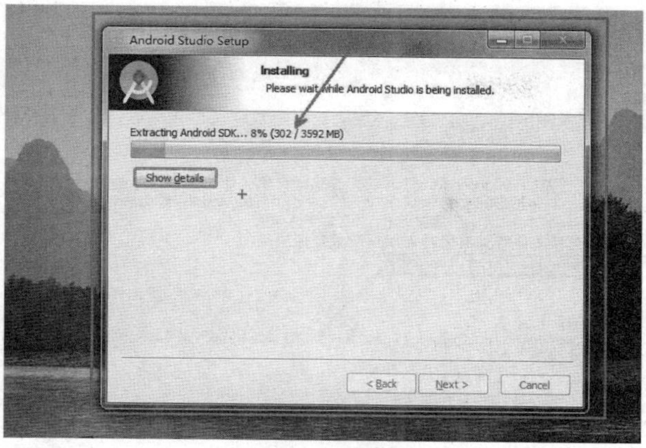

图 1–22　自动安装

（9）取消“Start Android Studio ”复选框，点击“Finish”按钮，退出安装，如图 1–23 所示。

图 1–23　退出安装

（10）配置启动文件，进入 Studio 根目录下，找到 idea.properties 文件，如图 1–24 所示。

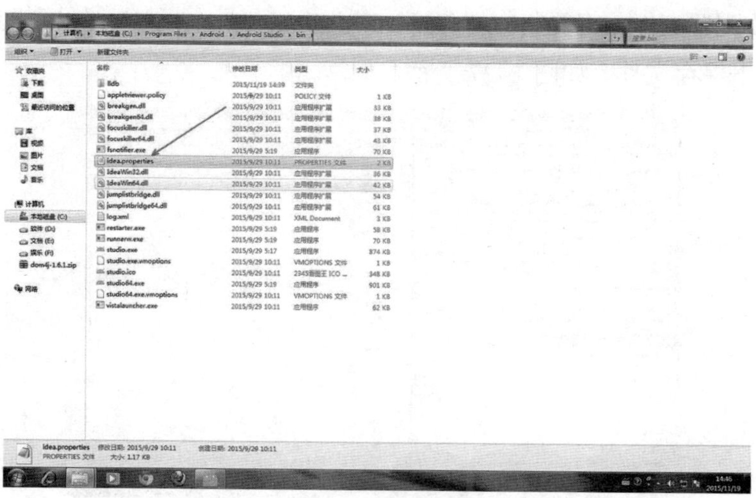

图 1–24　配置启动文件

（11）打开 Android Studio 配置 .txt，将“disable.android.first.run=true”复制，如图 1–25 所示。

图 1–25 复制内容

（12）修改电脑安全策略，保证能够修改 idea.properties 文件，如图 1–26 所示。

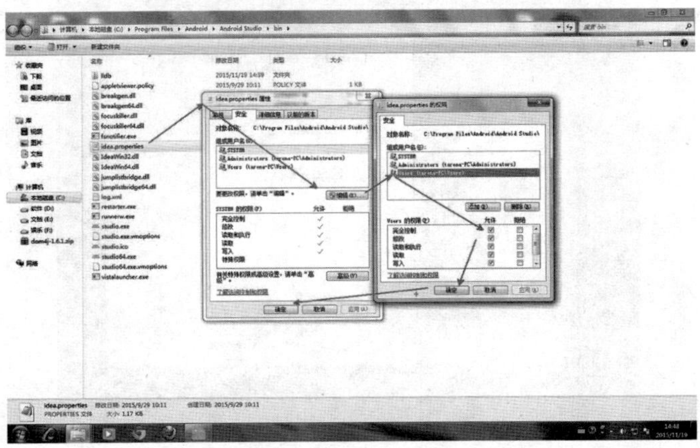

图 1–26 修改电脑安全策略

（13）修改配置文件，将复制的“disable.android.first.run=true”拷贝到配置文件中最后一行，然后点击保存文件，如图 1–27 所示。

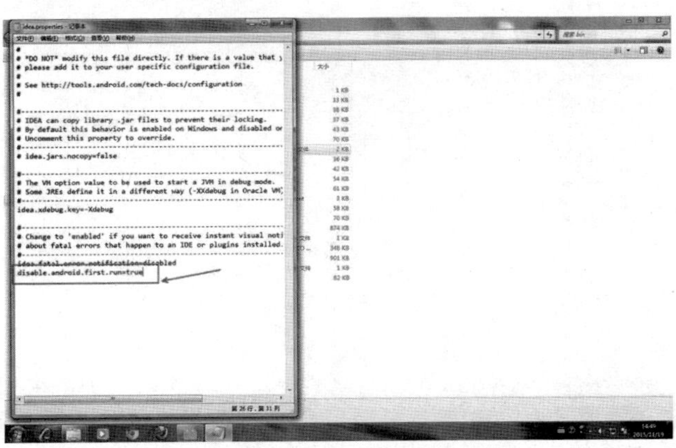

图 1–27 修改配置文件

（14）启动 Studio，进入欢迎界面，点击“Configure”按钮进入配置界面，如图 1–28 所示。

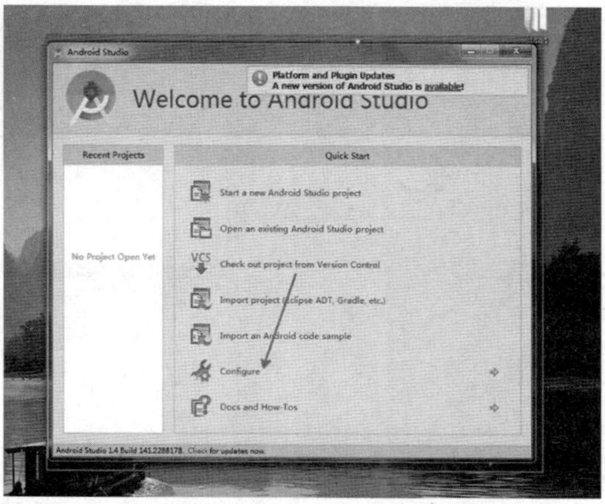

图 1–28 启动 Studio

（15）选择 Project Defaults 配置默认选项，如图 1–29 所示。

图 1–29 配置默认选项

（16）选择 Project Stucture 配置 SDK 路径，如图 1–30 所示。

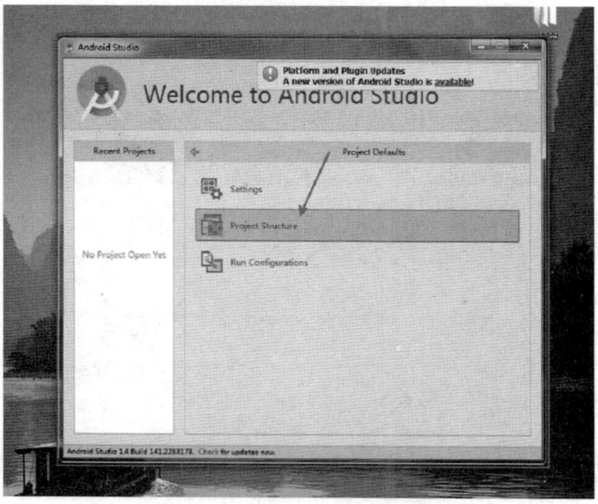

图 1–30 配置 SDK 路径

（17）配置 SDK 路径，如图 1–31 所示。

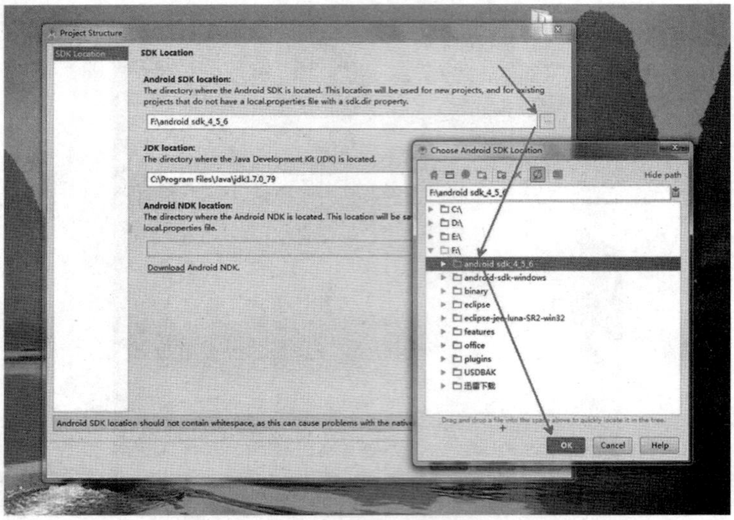

图 1–31　配置 SDK 路径

（18）返回到欢迎界面首页，点击“Start a new Android Studio Project”选项创建项目，如图 1–32 所示。

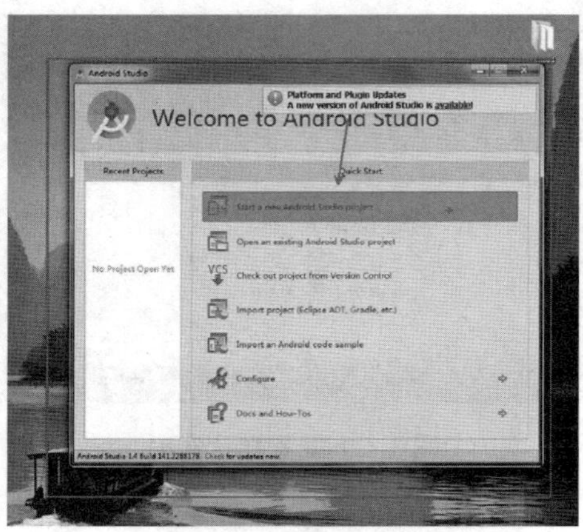

图 1–32　创建项目

（19）创建项目名称，如图 1–33 所示。

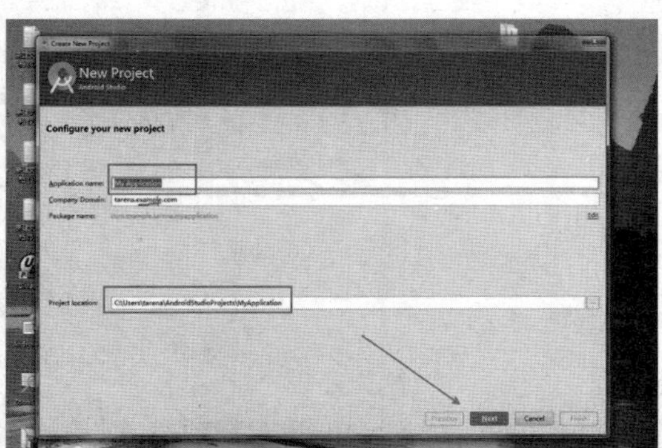

图 1–33　创建项目名称

（20）选择项目 Android 版本，点击“Next”按钮，如图 1–34 所示。

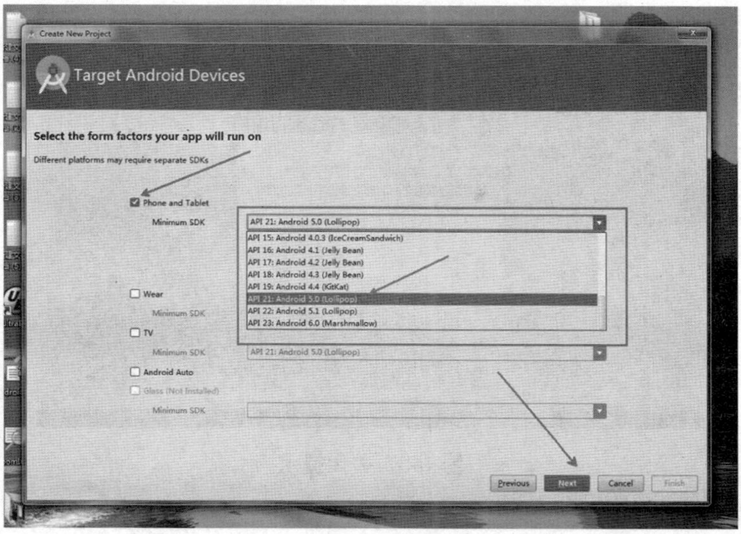

图 1–34　选择项目版本

（21）点击“Next”按钮，进入下一步，如图 1–35 所示。

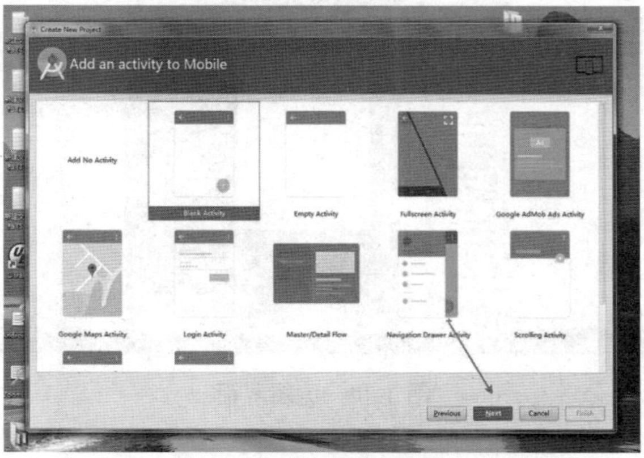

图 1–35　进入下一步

（22）点击“Finish”按钮完成设置，如图 1–36 所示。

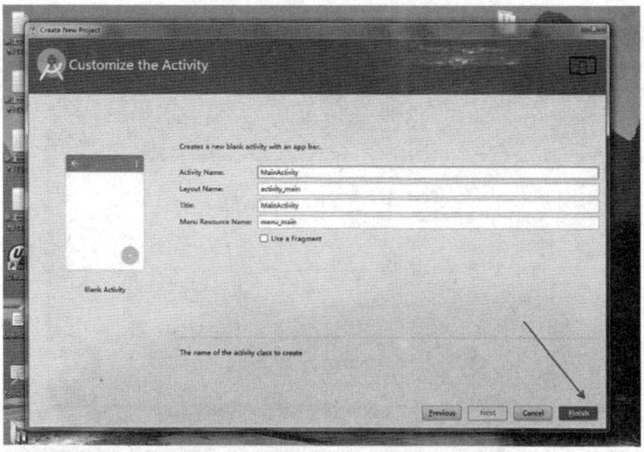

图 1–36　完成安装设置

（23）创建项目完成后会弹出提示对话框，如图 1–37 所示，点击“Close”按钮关闭。

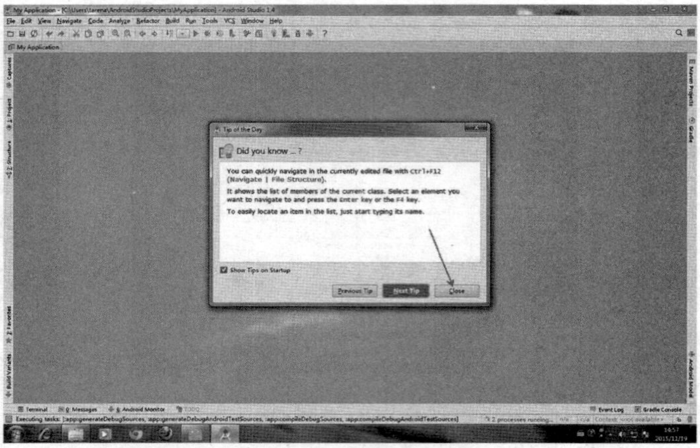

图 1–37 关闭提示

（24）等待加载成功后进入编程界面，如图 1–38 所示。

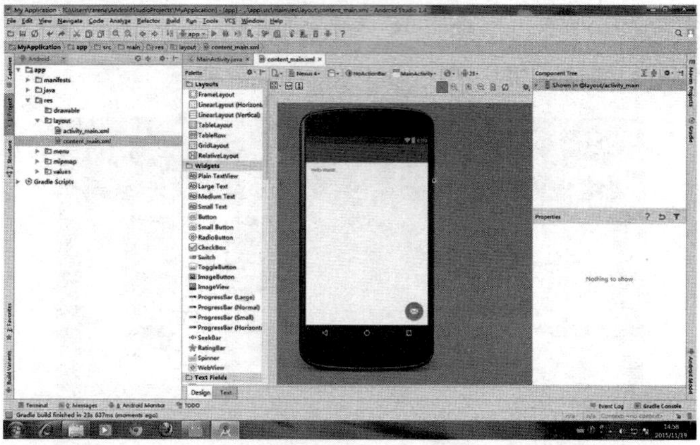

图 1–38 编辑界面

1.2.5 创建 Android Studio 虚拟机

（1）点击 Studio 界面上的 Android Virtual Device Manager 图标，启动创建虚拟机对话框。点击 Create Virtual Device 创建虚拟机，如图 1–39 所示。

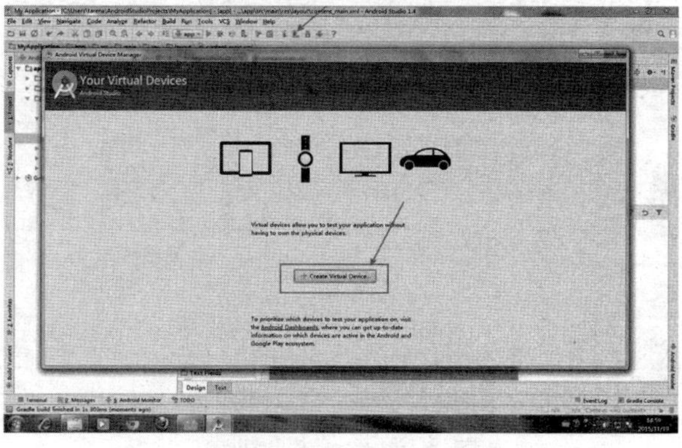

图 1–39 创建虚拟机对话框

（2）选择虚拟机的类型、屏幕分辨率等，点击“Next”按钮进入下一步，如图 1–40 所示。

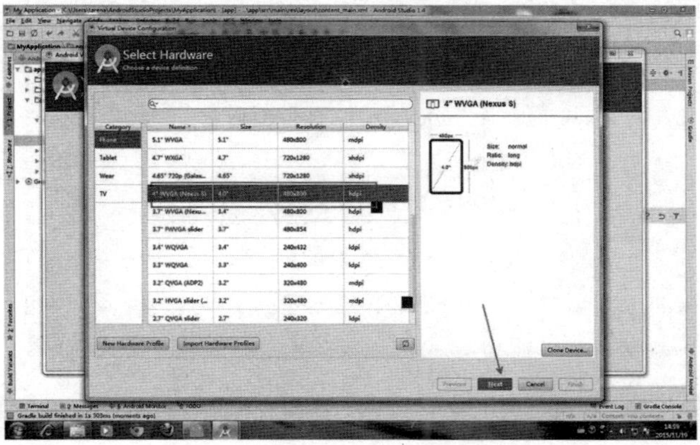

图 1–40 虚拟机设置

（3）选择虚拟机的操作系统版本，然后点击“Next”按钮进入下一步，如图 1–41 所示。

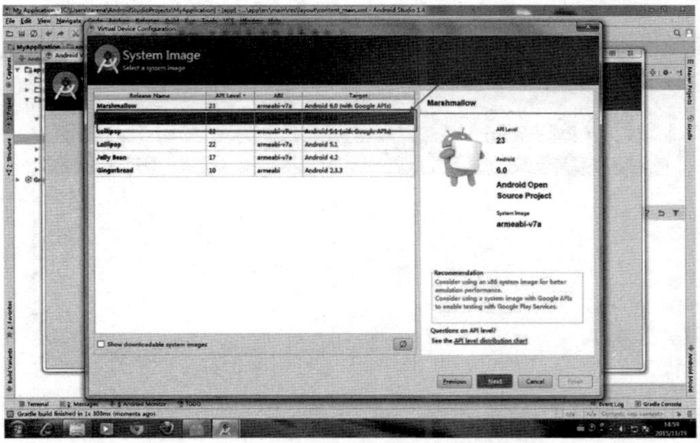

图 1–41 选择操作系统版本

（4）创建虚拟机的名称（建议使用英文），点击“Finish”按钮完成，如图 1–42 所示。

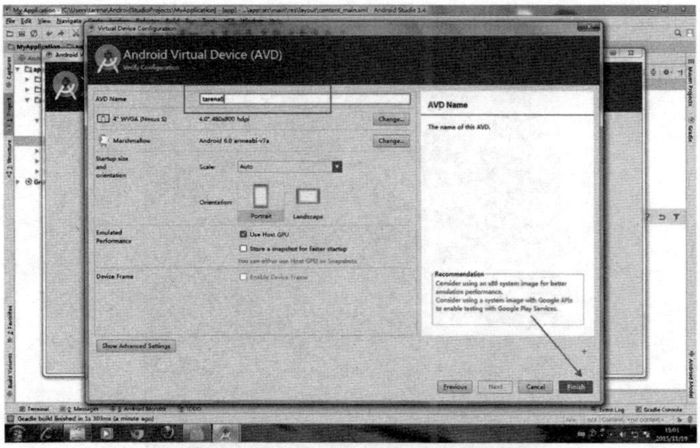

图 1–42 创建虚拟机名称

（5）等待创建虚拟机，电脑不同等待时间不同，如图 1–43 所示。

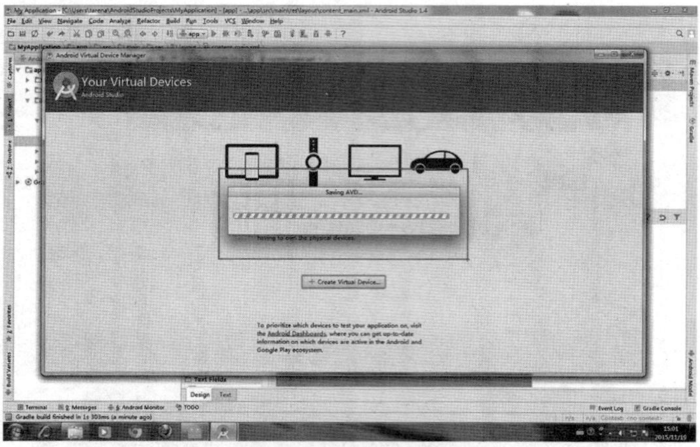

图 1–43 创建虚拟机等待中

（6）在 Android Virtual Device Manager 对话框中选中虚拟机，点击启动按钮箭头，启动虚拟机，如图 1–44 所示。

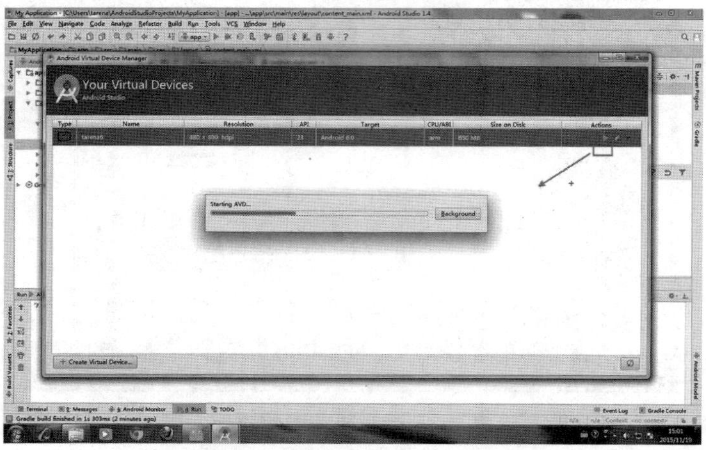

图 1–44 启动虚拟机

（7）启动虚拟机成功界面如图 1–45 所示。

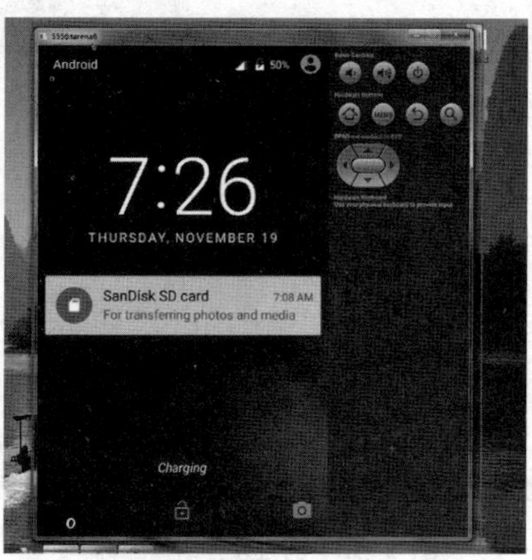

图 1–45 启动成功

因虚拟机创建后占用磁盘较大，建议不要创建超过 3 个虚拟机，且虚拟机启动和使用占用内存比较大，建议使用时启动 1 个虚拟机测试。

1.2.6 安装 Eclipse 和配置 ADT

（1）解压 Eclipse 文件，并将解压后的文件放置到没有中文的路径下，如图 1–46 和图 1–47 所示。

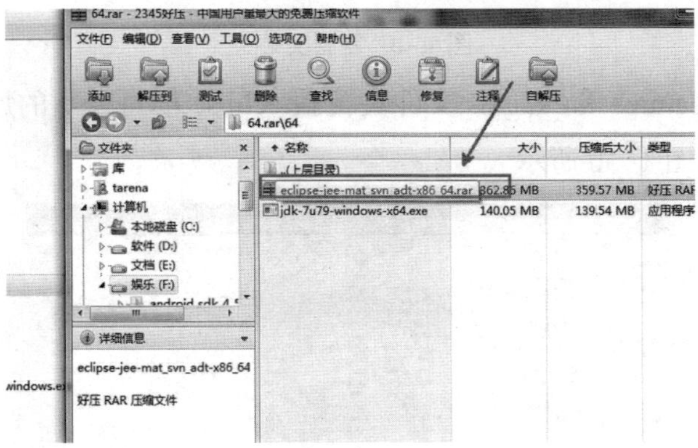

图 1–46　解压文件

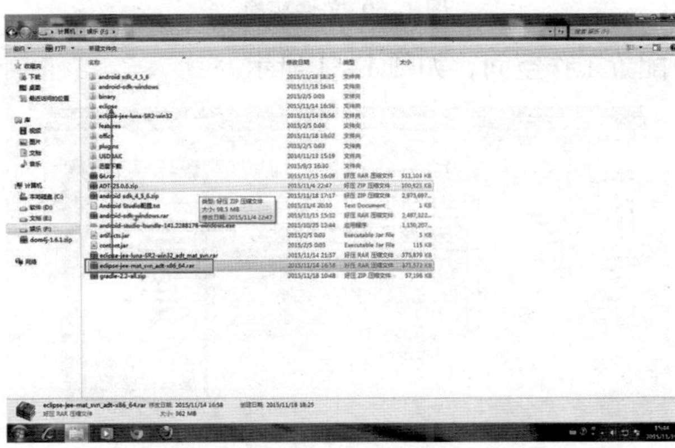

图 1–47 移动解压后的文件

（2）解压 ADT–23.0.6 文件，如图 1–48 所示。

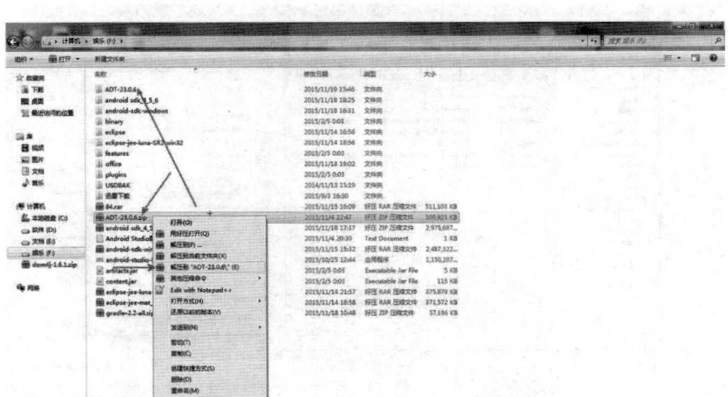

图 1–48 解压 ADT–23.0.6

（3）复制 features 和 plugins 文件夹，如图 1–49 所示。

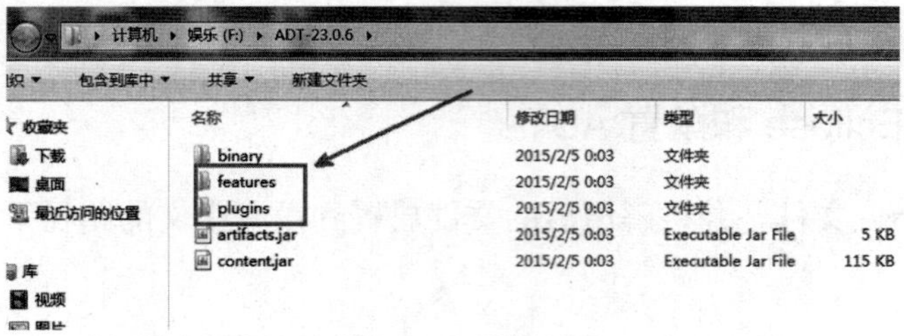

图 1–49 复制文件夹

（4）用复制的 features 和 plugins 文件夹覆盖 eclipse 根目径下的原文件夹，一定要覆盖或替换原文件，如图 1–50 所示。

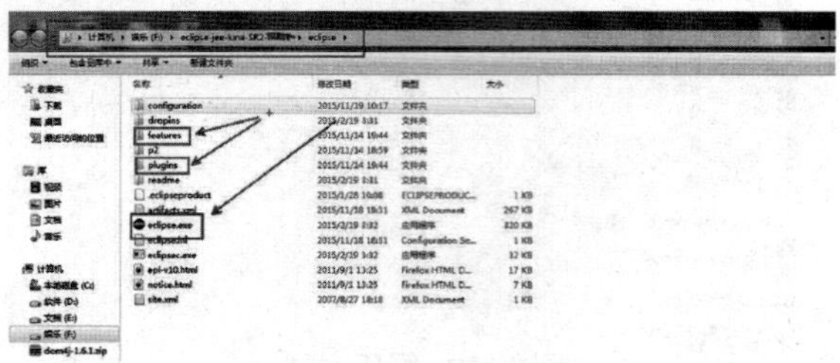

图 1–50 文件替换

（5）打开 eclipse 配置工作空间，如图 1–51 所示。

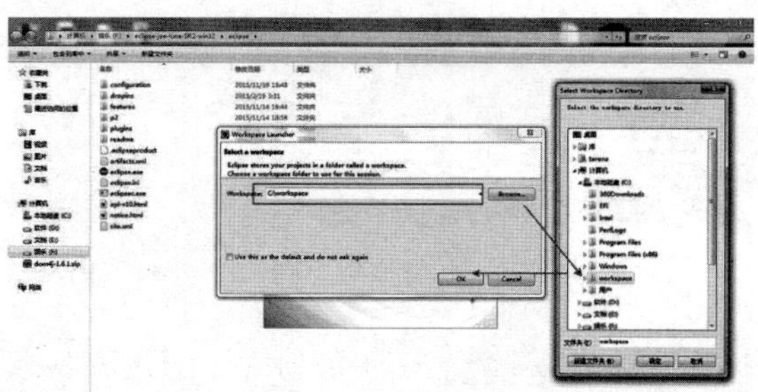

图 1–51 打开 eclipse 配置工作空间

（6）打开“windows”→“Preferences”，弹出配置对话框，如图 1–52 所示。

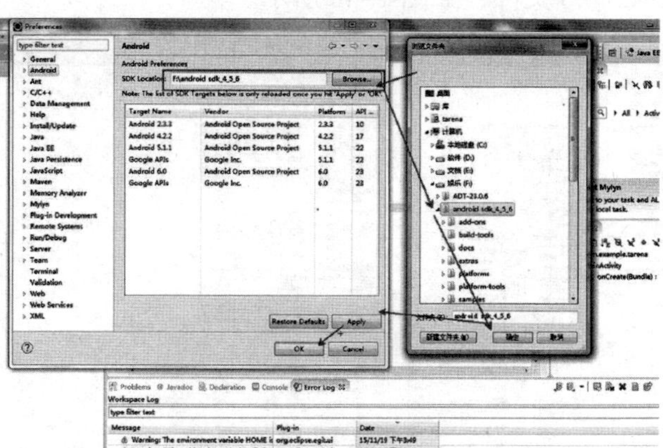

图 1–52 打开配置对话框

（7）点击 Android Virtual Device Manager 虚拟机管理器，完成相关配置，创建虚拟机，如图 1–53 所示。

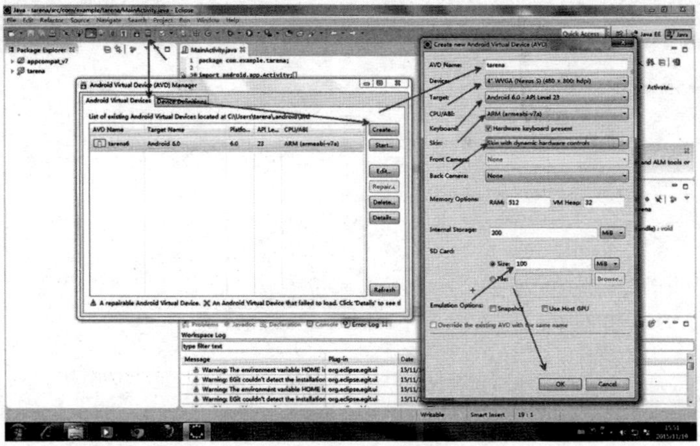

图 1–53　创建虚拟机

（8）在 Android Virtual Device Manager 虚拟机管理器启动虚拟机，如图 1–54 所示。

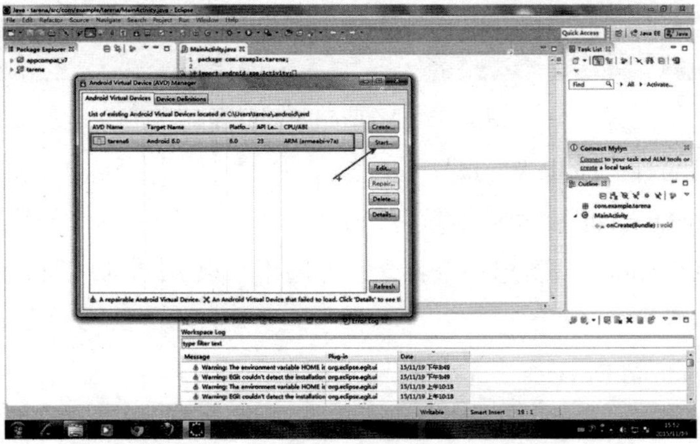

图 1–54　启动虚拟机

1.3　创建第一个 Android 项目

完成第一个工程，屏幕上显示 HelloWorld。

1.3.1　初步创建一个项目

（1）第一步，打开 Android Studio，如图 1–55 所示。

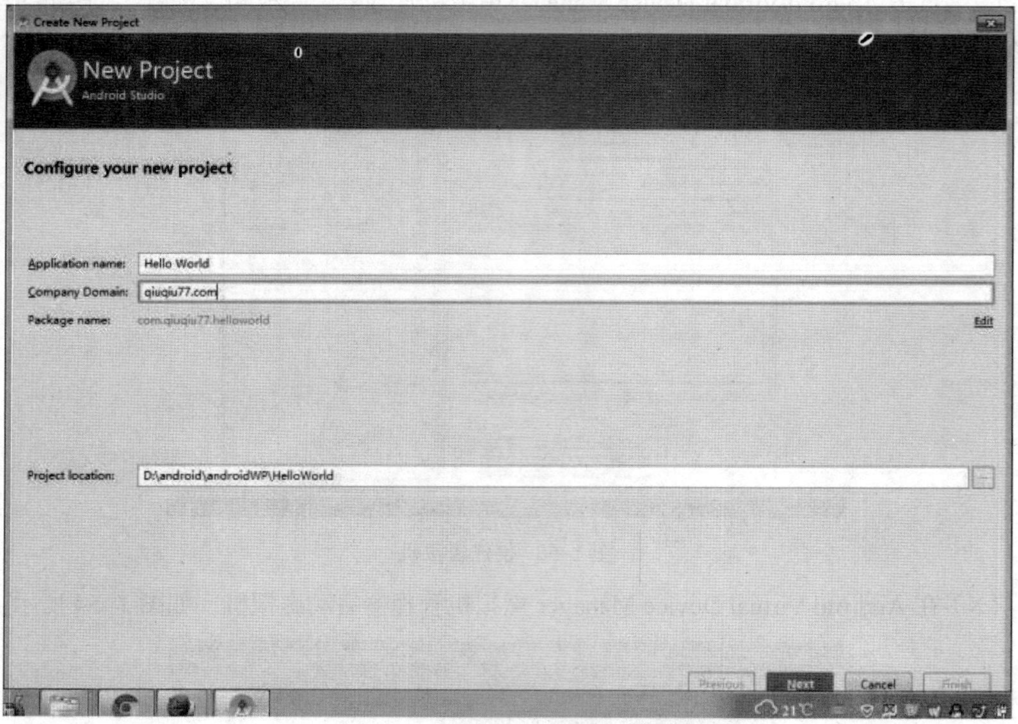

图 1-55 Android Studio 界面

① 输入项目名称“Hello World”。

②“Company Domian”：可随意填写一个。

③“Project Location”：新建一个目录，专门用来放 Android 项目，并把这个 Project Location 指向目录。

④“Target Android Devices”选择默认。

（2）选择一个空的 Activity，如图 1-56 所示。

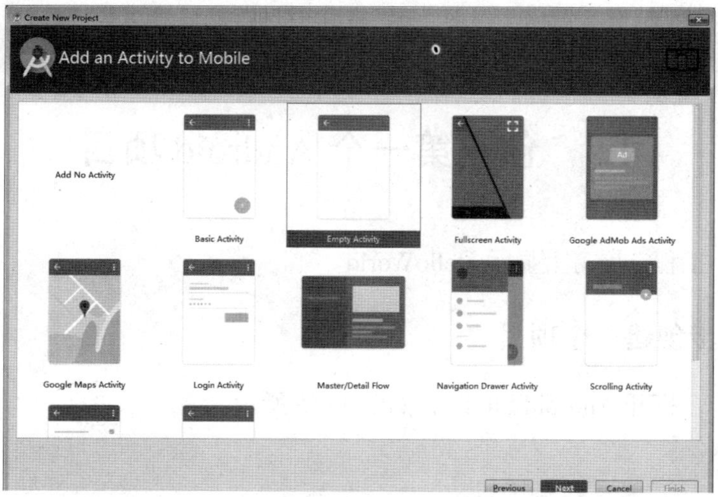

图 1-56 空的 Activity

（3）“Custom The Activity” 选择默认，点击 “Finsh” 按钮。点击完 “Finsh” 按钮之后，稍等几秒，Android Studio 会对项目进行配置，如图 1–57 所示。

图 1–57　Android Studio 对项目进行配置

（4）项目初步创建成功，如图 1–58 所示。

图 1–58　初步创建成功的界面

1.3.2 调整目录显示

切换下面的目录显示，可以选择默认的 Android 显示目录，也可以切换为 Project 显示方式，如图 1–59 所示。

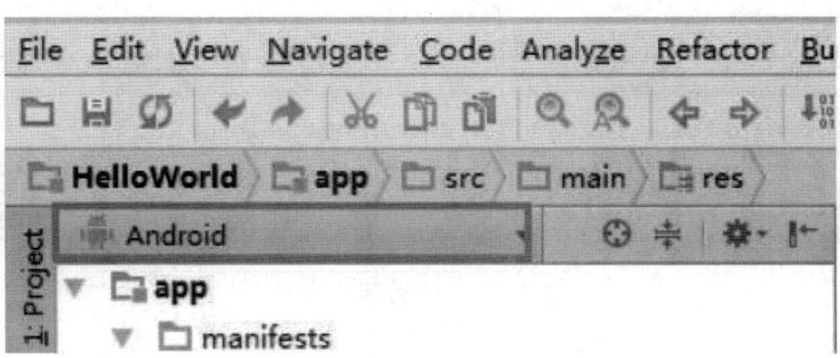

图 1–59　调整目录显示

1.3.3 调整字体样式

（1）点击 “File”→“settings” 进入到 Android Studio 的设置界面，点击 “Editor”→“Colors&Font” 来设置字体样式，会发现不可以修改，需要先点击 “Save As…” 保存字体，输入字体样式名字（MyFont 是预先设置的字体样式名字，这个可以根据自己的爱好设置）；接着在

Scheme 选择刚刚保存的字体样式的名字，就可以去选择字体样式和字体大小了，然后点击“Apply”按钮，如图 1–60 所示。

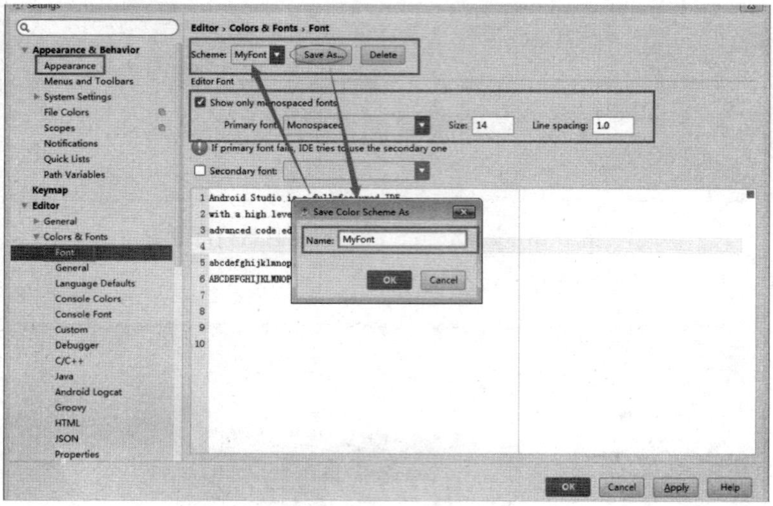

图 1–60　进入设置界面

（2）上面一步调整的是代码的样式，Android Studio 窗口的这些字体并没有改变。如果想窗口的字体也变化的话，就在刚才 settings 的窗口点击“Appearance &Behavior” → “AppEarance”；然后在 UI Options 勾选“Override default fonts by(not recommended)”，选择自己喜欢的字体和大小，如图 1–61 所示。

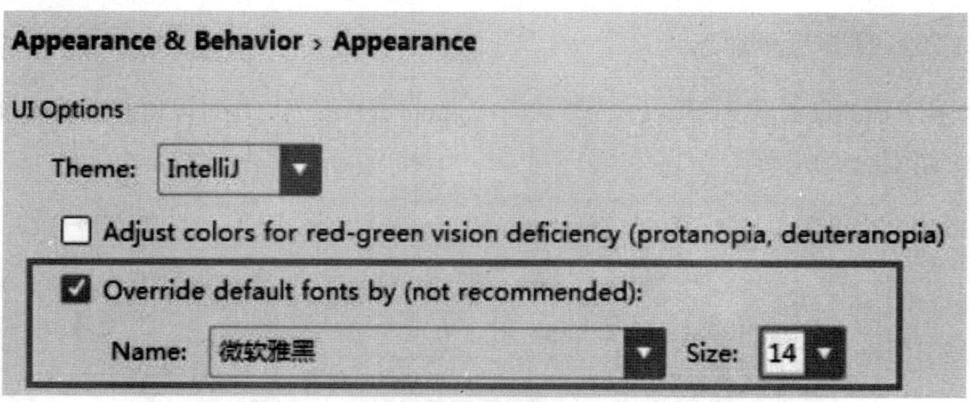

图 1–61　调整字体样式

1.3.4 运行项目

（1）运行项目会用到以下几个键。

①选择运行 / 调试的配置：

。

②运行项目：。

③ Gradle 同步：。在项目运行或者更改 Gradle 配置的时候都要点击下这个按钮，会下载相应的依赖。

④ AVD Manager——模拟器管理：。

⑤ SDK Manager——管理 SDK 版本：。

⑥ DDMS，即 Dalvik Debug Monitor Service，Dalvik 调试监控服务：。

（2）运行项目的两种方式。

①用自己的 Android 手机运行（推荐）。

②用 Android Emulator(安卓手机模拟器)。

（3）点击“App→Edit Configuartions”，出现“Run/Debug Configurations”窗口，来选择运行项目的方式，如图 1–62 所示。

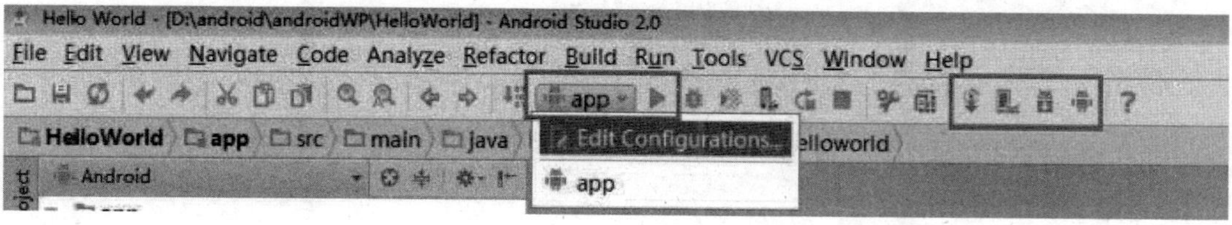

图 1–62　选择运行项目的方式

（4）在“Run/Debug Configurations”窗口下拉“Deployment Target Options”→“Target”项选择“USB Device”，用 USB 连接安卓的手机或者平板等设备来调试“Emulator”模拟器。“Show Device Chooser Dialog”每次运行的时候再选择调试方式，如图 1–63 所示。

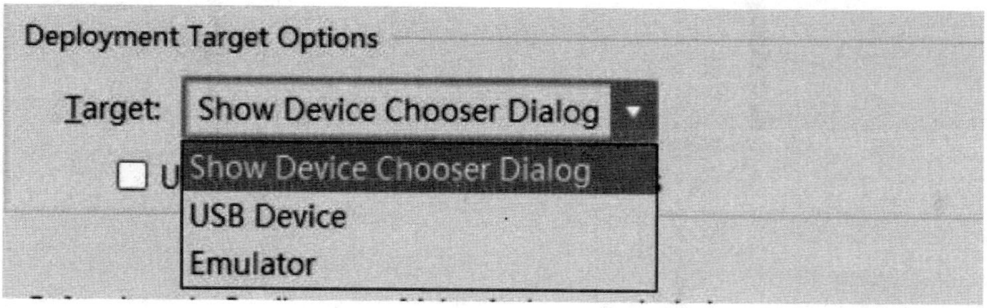

如图 1–63　选择调试方式

（5）手机运行项目。

①将手机用 USB 连接电脑。

②勾选“连接后启动调试模式”。（注意不是打开 USB 存储设备）

③点击运行，弹出“Device Dialog”选择框，选择连接的设备，点击“OK”按钮，如图 1–64 所示。

图 1–64　选择连接的设备

（6）耐心等待片刻，就可以看到手机上的 Hello World 界面，如图 1-65 所示。

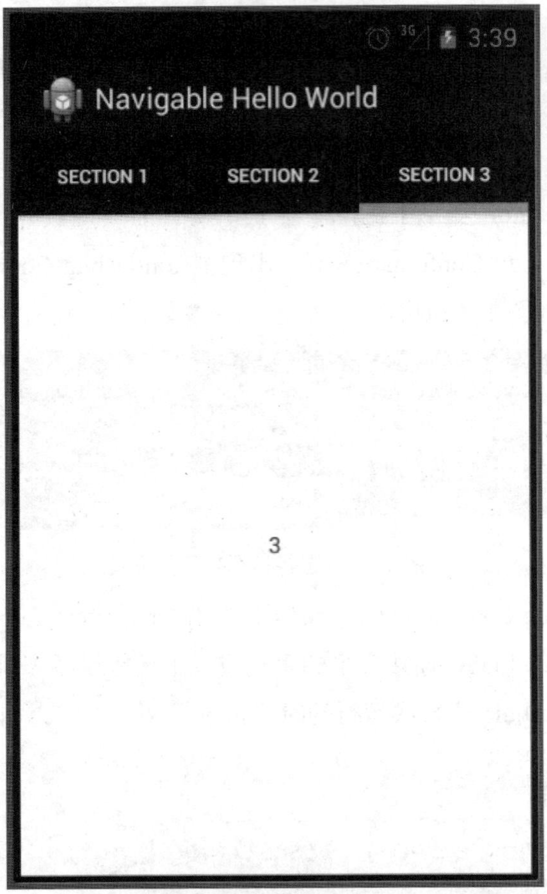

图 1-65　Hello World 界面

第 2 章　Android 应用开发基础

2.1　Android 系统架构

Android 的系统架构和其操作系统一样，采用了分层的架构。从架构图看，Android 系统分为四个层，从高层到低层分别是应用程序层、应用程序框架层、系统运行库层和 Linux 内核层。

2.1.1 Android 应用程序层

Android 会同一系列核心应用程序包一起发布，该应用程序包包括邮件客户端、短消息程序、日历、地图、浏览器、联系人管理程序等。所有的应用程序都是使用 Java 语言编写的。

2.1.2 Android 应用程序框架层

开发人员可以完全访问核心应用程序所使用的 API 框架。该应用程序的架构设计简化了组件的重用，任何一个应用程序都可以发布它的功能块并且任何应用程序都可以使用其所发布的功能块（不过得遵循框架的安全性限制）。同样，该应用程序重用机制也使用户可以方便地替换程序组件。

2.1.3 Android 系统运行库层

1. Android 程序库

Android 包含一些 C/C++ 库，这些库能被 Android 系统中不同的组件使用。它们通过 Android 应用程序框架为开发者提供服务。以下是一些核心库：

（1）系统 C 库。系统 C 库是一个从 BSD 继承来的系统 C 函数库（libc），它是专门为基于 Embedded Linux 的设备定制的。

（2）媒体库。媒体库基于 PacketVideo（OpenCORE），该库支持多种常用的音频、视频格式的回放和录制，同时支持静态图像文件。编码格式包括 MPEG4、H.264、MP3、AAC、AMR、JPG、PNG。

（3）Surface Manager。对显示子系统进行管理，并且为多个应用程序提供 2D 和 3D 图层的无缝融合。

（4）Libwebcore。一个最新的 Web 浏览器引擎，支持 Android 浏览器和一个可嵌入的 Web 视图。

（5）SGL。底层的 2D 图形引擎。

（6）3D libraries。基于 OpenGL ES 1.0 APIs 的实现，该库可以使用硬件 3D 加速（如果可用）或者使用高度优化的 3D 软加速。

（7）FreeType。一款字体服务库，它支持多种字体，并且提供高效、高质量的文字。

（8）SQLite。一个对于所有应用程序都可用的、功能强劲的轻型关系型数据库引擎。

2. Android 运行库

Android 包含一个核心库的集合，提供大部分在 Java 编程语言核心类库中可用的功能。每一个 Android 应用程序都是 Dalvik 虚拟机中的实例，运行在它们自己的进程中。

Dalvik 虚拟机可以使一个设备在有效的内存中高效地运行多个虚拟机。Dalvik 虚拟机可执行的文件格式是（.dex），.dex 格式是专为 Dalvik 设计的一种压缩格式，适合内存和处理器速度有限的系统。大多数虚拟机包括 JVM（Java 虚拟机）都是基于栈的，而 Dalvik 虚拟机则是基于寄存器的。因为 Dalvik 虚拟机是基于寄存器的，因此所有的类都经由 Java 编译器编译，然后通过 SDK（软件开发工具包）中的 dx 工具转化成 .dex 格式，再由 Dalvik 虚拟机执行。两种架构各有优劣，一般而言，基于栈的机器需要更多指令，而基于寄存器的机器指令更大。dx 是一套工具，可以将 Java .class 转换成 .dex 格式。一个 dex 文件通常会有多个 .class。由于 dex 有时必须进行最佳化，因此会使文件增加 1 ~ 4 倍，并以 ODEX 结尾。Dalvik 虚拟机依赖于 Linux 内核的一些功能，比如线程机制和底层内存管理机制。

2.1.4 Linux 内核层

Android 的核心系统服务依赖于 Linux 2.6 内核，如安全性、内存管理、进程管理、网络协议栈和驱动模型。Linux 内核层也同时作为硬件和软件栈之间的抽象层。

Linux 内核隐藏具体硬件细节而为上层提供统一的服务。如果学过计算机网络相关知识知道 OSI/RM，就会知道分层的好处，即使用下层提供的服务为上层提供统一的服务，屏蔽本层及以下层的差异，当本层及以下层发生变化不会影响到上层。也就是说各层各尽其职，各层提供固定的业务接入点（Service Access Point，SAP），业务接入点可以说是高内聚、低耦合的。

2.2 Android 开发工具

工欲善其事，必先利其器，学 Android 开发，需要选择适合自己的 Android 开发工具。市场现存很多 Android 开发工具，如 Android Studio、Eclipse+ADT+SDK 三组件整合开发等，程序员选择适合自己的开发工具，将会使编程工作更加顺手。

2.2.1 Android Studio

Android Studio 能让应用开发更简单，首先，它与以前 Eclipse 的开发工具相比，最大的特点就是支持实时渲染。程序员可以在编写程序的同时实时看到自己的应用在不同尺寸屏幕中的样子，所见即所得，非常方便。其次，Android Studio 还解决了语言问题，它支持翻译和多语言版本，从而使程序员更方便地开发适应全球的应用。最后，Android Studio 在速度和性能上的表现要优秀得多，谷歌声称，相比旧版本，新版本 Android Studio 在速度和性能上提升了三倍，将会让程序员更快、更具生产力，是一款非常受欢迎的 Android 开发工具。

此外，Android Studio 还具有一些特色，如即时运行代码、新的安卓模拟器、云端测试实验室集成、应用索引代码生成与测试、GPU 调试器预览等，都为程序员带来了极大的方便。

2.2.2 Eclipse+ADT+SDK 三组件整合开发

许多程序员仍在使用 Eclipse+ADT+SDK 三组件整合开发。Android 大部分的开发都是中间层到顶层的应用开发，所以基本上也是 Java 开发，Eclipse 是 Java 开发的必备工具，也是 Android 开发的必备工具。

Eclipse 是最普遍的开发工具，方便编程，相关配置有 ADT 插件和模拟器 SDK。使用开发工具的前提是先安装 JDK1.6，然后下载 Android 的 SDK 和 ADT，接着安装 AVD，设置环境变量。Android 开发工具安装成功之后，在项目中新建 Android 工程就可以开始编写代码了。

对于一个成熟的程序员来说，Android 开发工具仅仅是一个辅助工具，编程技术的高低才是成功的决定性因素。如果一个程序员专业技术不强，无论使用多么优秀的开发工具都不可能开发出来优秀的程序，如果技术能力强，开发工具对于开发者而言只是使用是否习惯的问题。

所以，程序员只要选择适合自己使用习惯的 Android 开发工具就可以了，真正需要努力的是提高专业技术。

2.3 五大组件

2.3.1 Activity

Activity 是 Android 中最基本的组件之一，它是一个应用程序组件。应用程序中的每个屏幕都是通过继承和扩展基类 Activity 来实现的。

同一应用中的各个 Activity 是相互独立的。程序启动后显示的第一幅画面是应用程序的第一个 Activity(默认窗口)，而后可以根据需要从这个 Activity 启动另一个新的 Activity。

Activity 利用 View 来实现应用中的 GUI(图形用户界面，用户直接通过图形用户界面和应用程序做交互)。Activity 窗口内的可见内容由基类 View 提供。我们一般使用 Activity 的 setContentView( ) 方法设置当前 Activity 中的 View 对象。

2.3.2 Service

Service 是一种不可见的用户界面，但能够长时间运行于后台的服务程序，运行于应用程序进程的主线程中，因此不会阻塞其他组件和用户界面。

Service 是不能自己启动的，必须通过 Context 对象调用 startService 或 bindService 方法来启动 (用这两种方法启动的 Service 的生命周期不同)。

2.3.3 BroadcastReceiver

BroadcastReceiver 是用户接收广播通知的组件。Android 中的广播要么来自系统，要么来自普通应用程序。

很多事件都可能导致系统广播，如手机所在时区发生变化、电池电量低、用户改变系统语言设置等。

为了响应不同的事件通知，应用程序可以注册不同的 BroadcastReceiver。所有的 BroadcastReceiver 都继承自基类 BroadcastReceiver。

BroadcastReceiver 自身并不实现图形用户界面，但是当它收到某个通知后，BroadcastReceiver 可以启动 Activity 作为响应，或者通过 NotificationMananger 提醒用户。

BroadcastReceiver 是对发送出来的 Broadcast 进行过滤接收并响应的一类组件。这一过程主要涉及发送 Broadcast 信息和接收 Broadcast 信息两个阶段，现介绍如下。

1. 发送 Broadcast 信息

把要发送的信息和用于过滤的信息装入一个 Intent 对象，然后调用 Context.

sendBroadcast( )、sendOrderBroadcast( )、sendStickyBroadcast( ) 方法广播该 Intent 对象。对于使用 sendBroadcast( ) 或 sendStickyBroadcast( ) 方法发出去的 Intent，所有满足条件的 BroadcastReceiver 都会随机地执行其 onReceive( ) 方法；而用 sendOrderBroadcast( ) 方法发出去的 Intent，则会根据 BroadcastReceiver 注册时 IntentFilter 设置的优先级的顺序来执行，对于相同优先级的 Intent，BroadcastReceiver 则是随机执行。sendStickyBroadcast( ) 方法主要的不同是，Intent 在发送后一直存在，并且在以后调用与 registerReceiver( ) 方法注册相匹配的 Intent 时会把这个 Intent 直接返回。

若在使用 sendBroadcast( ) 方法时指定了接收的权限，这只有在 AndroidManifest.xml 中用 <uses-permission> 标签声明了拥有此权限的 BroadcastReceiver 才会有可能接收到发送来 Broadcast。

若在注册 BroadcastReciever 时，指定了可接收的 Broadcast 的权限，则只有在包内的 AndroidManifest.xml 中用 <uses-permission> 标签声明了拥有此权限的 Context 对象所发送的 Broadcast 才有可能被这个 BroadcastReceiver 接收。

2. 接收 Broadcast 消息

接收 Broadcast 阶段的主要任务是继承 BroadcastReceiver 类，并实现 onReceive 方法。

注册 BroadcastReceiver 有两种方法：一种方法是静态地在 AndroidManifest.xml 中用 <receiver> 标签声明，并在标签内用 <intent-filter> 标签设置过滤器；另一种方法是动态地在代码中先定义并设置好一个 IntentFilter 对象，然后再在需要注册的地方调用 Context.registerReceiver( ) 方法，如果要取消注册则可调用 Context.unregisterReceiver( ) 方法。

2.3.4 ContentProvider

内容提供器（ContentProvider），是 Android 应用程序之间共享数据的接口，可以解决应用程序间通信、共享问题。在 Android 中，每个应用程序都是用自己的用户 ID 在自己的进程中运行。这样的好处是，可以有效地保护系统及应用程序，避免被其他不正常的应用程序所影响，每个进程都拥有独立的进程地址空间和虚拟空间。

ContentProvider 可以将应用程序特定的数据提供给另一个应用程序使用，其数据存储方式可以是 Android 文件系统、SQLite 数据库或者其他合理的方式。

当数据需要在应用程序间共享时，我们就可以利用 ContentProvider 为数据定义一个 URI。之后，其他应用程序对数据进行查询或者修改时，只需要从当前上下文对象获得一个 ContentResolver 然后传入响应的 URI 就可以了。

ContentProvider 继承自基类 ContentProvider，并且实现了一组标准接口。通过这组接口，其他应用程序能对数据进行读写和存储。然而，需要使用数据的应用程序并不是直接调用这组方法，而是通过调用 ContentResolver 对象的方法来完成。ContentResolver 对象可以与任意 ContentProvider 通信。

要为当前应用程序的私有数据定义 URI，就需要专门定义一个继承自 ContentProvider 的类，然后根据不同的操作调用不同的方法以实现这些方法的功能。

ContentResolver 类为应用程序提供了接入 Content 机制的方法。要构造一个 ContentResolver 对象可以为构造方法 ContentResolver(Context context) 传入一个 Context 对象，也可以直接通过 Context 对象调用 getContentResolver( ) 方法获得——有的 ContentResolver 对象可以通过调用其 query( )、insert( )、update( ) 等方法来对数据进行操作。

一旦需要以上四种 Android 应用程序基本组件完成请求，Android 会首先确认该组件所在进程是否运行，如果没有运行，Android 将先启动进程，同时确认被请求组件的实例是否存在，否则将创建一个新的组件实例。

2.3.5 Intent

在 Android 基本组件中，除了 ContentProvider 是通过 ContentResolver 激活的以外，其他三种组件 Activity、Service 和 BroadcastReceiver 都是由 Intent 异步消息激活的。

Intent 在不同的组件之间传递消息，将一个组件的请求意图传给另一个组件。因此，Intent 是包含具体请求信息的对象。

针对不同的组件，Intent 所包含的消息内容有所不同，且不同组件的激活方式也不同，且不同类型组件间传递 Intent 的方式也不同。

Intent 是一种运行绑定（runtime binding）机制，它能够在程序运行的过程中连接两个不同的组件。通过 Intent，程序可以向 Android 发出某种请求或者意愿，Android 会根据意愿的内容选择适当的组件来处理请求。

Intent 一旦发出，Android 都会准确找到与之相匹配的一个或多个 Activity、Service 或 BroadcastReceiver 来响应。所以，不同类型的 Intent 消息不会出现重叠，BroadcastIntent 消息只会发送给 BroadcastReceiver，而绝不可能发送给 Activity 或 Service。同理，由 startActivity( ) 传递的消息只可能发送给 Activity，由 startService( ) 传递的 Intent 也只可能发送给 Service。

第 3 章　网络开发技术基础

3.1　Android NDK 简介

Android NDK 是什么？ Android NDK 是在 SDK 前面又加上了“原生”二字，即 Native Development Kit，因此又被谷歌称为“NDK”。在此之前，Android 平台的第三方应用程序均是依靠基于 Java 的 Dalvik 特制虚拟机进行开发的。原生 SDK 的公布可以让开发者更加直接地接触 Android 系统资源，并使用传统的 C 语言或 C++ 语言编写程序，并在程序封包文件（.apks）中直接嵌入原生库文件。

1. Android NDK 是一系列工具的集合

NDK 提供了一系列的工具，帮助开发者快速开发 C（或 C++）的动态库，并能自动将 SO（Service Object）和 Java 应用一起打包成 APK。这些工具对开发者的帮助是巨大的。

NDK 集成了交叉编译器，并提供了相应的 mk 文件隔离 CPU、平台、ABI 等差异，开发人员只需要简单修改 mk 文件，即指出哪些文件需要编译、编译特性要求是什么等，就可以创建出 SO。

NDK 可以自动地将 SO 和 Java 应用一起打包的功能，极大地减轻了开发人员的打包工作。

2. Android NDK 提供了一份稳定、功能有限的 API 头文件声明

谷歌明确声明该 API 是稳定的，在后续所有版本中都稳定支持当前发布的 API。从该版本的 NDK 中看出，这些 API 支持的功能非常有限，包含 C 标准库（libc）、标准数学库（libm）、压缩库（libz）、Log 库（liblog）。

3.2　HTML5 技术

HTML5 本身是由万维网联盟（W3C）推出的，它的开发是通过谷歌、苹果、诺基亚、中国移动等几百家公司一起酝酿的技术，这个技术最大的好处在于它是一个公开的技术。换句话说，每一个公开的标准都可以根据 W3C 的资料库找寻根源。另外，W3C 通过的

HTML5 标准也就意味着每一个浏览器或每一个平台都可以实现多设备、跨平台使用，比如开发一款 HTML5 的游戏，就可以很轻易地移植到 UC 的开放平台、Opera 的游戏中心、Facebook 应用平台，甚至可以通过封装的技术发放到 App Store 或 Google Play 上，所以 HTML5 的跨平台非常强大，这也是大多数人对 HTML5 有兴趣的主要原因。

总体而言，HTML5 有以下优点：

（1）可以提高可用性和改进用户的友好体验；

（2）有新的标签，这将有助于开发人员定义重要的内容；

（3）可以给站点带来更多的多媒体元素（视频和音频）；

（4）可以很好地替代 Flash 和 Silverlight；

（5）当涉及网站的抓取和索引的时候，对于 SEO 很友好；

（6）将被大量应用于移动应用程序和游戏。

3.3 C++ 项目

C++ 是 C 语言的继承，它既可以进行 C 语言的过程化程序设计，又可以进行以抽象数据类型为特点的基于对象的程序设计，还可以进行以继承和多态为特点的面向对象的程序设计。C++ 擅长面向对象程序设计的同时，还可以进行基于过程的程序设计，因而 C++ 就适应的规模而论，大小由之。

C++ 不仅拥有计算机高效运行的实用性特征，同时还致力于提高大规模程序的编程质量与程序设计语言的问题描述能力。

3.3.1 支持数据封装和数据隐藏

在 C++ 中，类是支持数据封装的工具，对象则是数据封装的实现。C++ 通过建立用户定义类支持数据封装和数据隐藏。

在面向对象的程序设计中，将数据和对该数据进行合法操作的函数封装在一起作为一个类的定义。对象被说明为具有一个给定类的变量。每个给定类的对象包含这个类所规定的若干私有成员、公有成员及保护成员。完好定义的类一旦建立，就可看成完全封装的实体，可以作为一个整体单元使用。类的实际内部工作隐藏起来，使用完好定义的类的用户不需要知道类是如何工作的，只要知道如何使用它即可。

3.3.2 支持继承和重用

在 C++ 现有类的基础上可以声明新类型，这就是继承和重用的思想。通过继承和重用可以更有效地组织程序结构、明确类间关系，并且充分利用已有的类来完成更复杂、更深入的开发。新定义的类为子类，称为派生类，它可以从父类那里继承所有非私有的属性和方法，作为自己的成员。

3.3.3 支持多态性

C++ 通过继承的方法构造类，采用多态性为每个类指定表现行为。多态性形成由父类和它们的子类组成一个树型结构。在这个树中的每个子类可以接收一个或多个具有相同名字的消息。当一个消息被这个树中的一个类的一个对象接收时，这个对象就会动态地决定给予子类对象的消息的某种用法。多态性的这一特性允许使用高级抽象。

继承性和多态性的组合，可以轻易地生成一系列虽然类似但独一无二的对象。由于继承性，这些对象共享许多相似的特征。由于多态性，一个对象可有独特的表现方式，而另一个对象则有另一种表现方式。

3.4　Eclipse 编译 C++（Hello World）项目

新建一个“Hello World ANSI C Project”，右边注意选择“MinGW GCC”，否则会有各种问题出现。如果没有安装 MinGW 并且配置 path 环境变量这个对话框是不会出现的，如图 3-1 所示。

Project type 分为两种，即 Executeble 和 Makefile project，其中 Executeble 为 Managed C Project，即自动编译的 C 工程；而 Makefile project 是通过写 Makefile 来手动编译的 C 工程，新手建议使用自动编译的 C 工程。

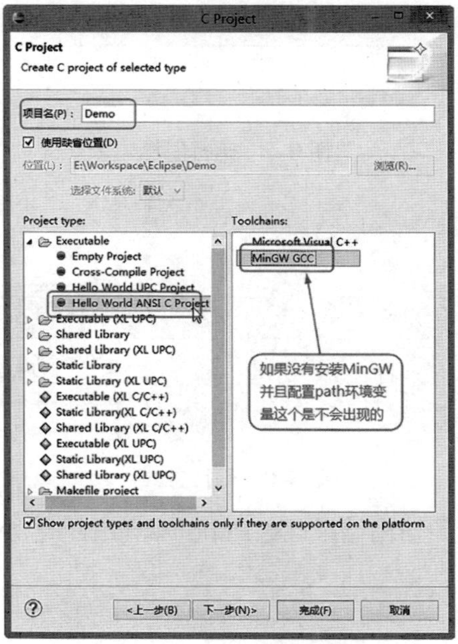

图 3-1　新建“Hello World ANSI C Project”

完成相关设置后，编译器会自动生成以下代码：

```
/*
Name: hello.c
Author: sww
Version:
Copyright  : Your copyright notice
Description : Hello World in C, Ansi-style
*/
#include <stdio.h>
#include <stdlib.h>
int main( void ) {
puts( "!!!Hello World!!!" ); /* prints !!!Hello World!!! */
return EXIT_SUCCESS;
}
```

然后右键点击 Build Project，接下来运行“Local C/C++ Application”，具体操作为点击图 3-2 所示图标或右键运行（如图 3-3 所示）。

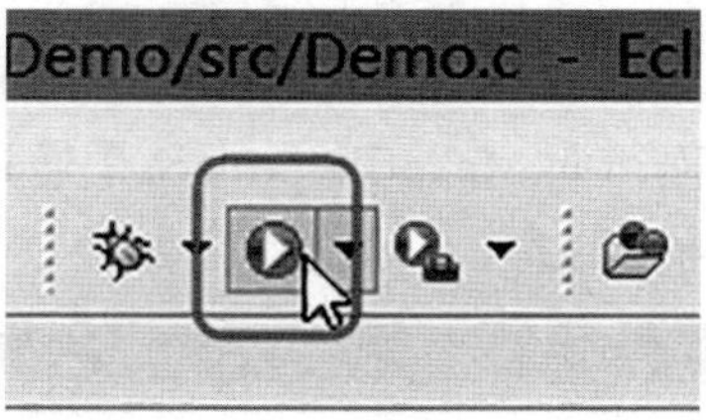

图 3-2　运行图标

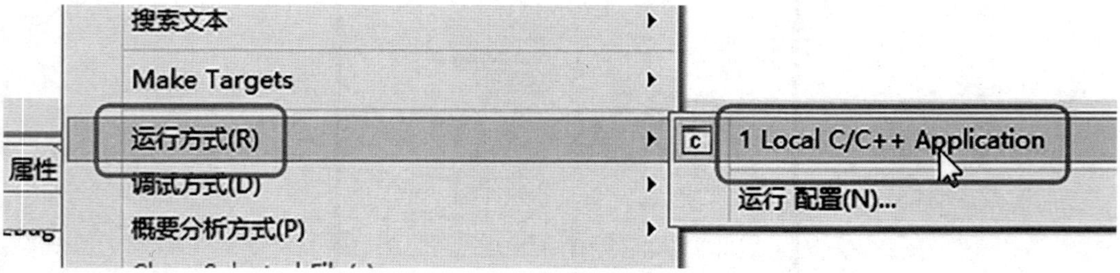

图 3-3　运行方式

此时就可以在控制台看到输出结果“!!!Hello World!!!”了。

3.5　CSS 技术基础

CSS（Cascading Style Sheets，层叠样表）是一种用来表现 HTML（标准通用标记语言的一个应用）或 XML（标准通用标记语言的一个子集）等文件样式的计算机语言。CSS 不仅可以静态地修饰网页，还可以配合各种脚本语言动态地对网页各元素进行格式化。

CSS 能够对网页中元素位置的排版进行像素级精确控制，支持几乎所有的字体、字号和样式，拥有对网页对象和模型样式编辑的能力。

CSS 为 HTML 标记语言提供了一种样式描述，定义了其中元素的显示方式。CSS 在 Web 设计领域是一个突破，利用它可以实现修改一个小的样式和更新与之相关的所有页面元素。

总体来说，CSS 具有以下特点：

1. 丰富的样式定义

CSS 提供了丰富的文档样式外观，拥有设置文本和背景属性的能力，允许为任何元素创建边框、创建元素边框与其他元素间的距离以及元素边框与元素内容间的距离，允许随意改变文本的大小写方式、修饰方式以及其他页面效果。

2. 易于使用和修改

CSS 可以将样式定义在 HTML 元素的 style 属性中，也可以将其定义在 HTML 文档的 header 部分，也可以将样式声明在一个专门的 CSS 文件中，以供 HTML 页面引用。总之，CSS 样式表可以将所有的样式声明统一存放，统一管理。

另外，CSS 可以将相同样式的元素进行归类，使用同一个样式进行定义，也可以将某个样式应用到所有同名的 HTML 标签中，也可以将一个 CSS 样式指定到某个页面元素中。如果要修改样式，我们只需要在样式列表中找到相应的样式声明进行修改。

3. 多页面应用

CSS 样式表可以单独存放在一个 CSS 文件中，这样我们就可以在多个页面中使用同一个 CSS 样式表。CSS 样式表理论上不属于任何页面文件，在任何页面文件中都可以将其引用。这样就可以实现多个页面风格的统一。

简单来说，层叠就是对一个元素多次设置同一个样式，这样使用的就是最后一次设置的属性值。例如对一个站点中的多个页面使用了同一套 CSS 样式表，而某些页面中的某些元素想使用其他样式，就可以针对这些样式单独定义一个样式表应用到页面中。这些后来定义的样式将对前面的样式设置进行重写，在浏览器中看到的将是最后设置的样式效果。

4. 页面压缩

在使用 HTML 定义页面效果的网站中，往往需要大量或重复的表格和 font 元素形成各种规格的文字样式，这样做会产生大量的 HTML 标签，从而使页面文件的大小增加。而将样式的声明单独放到 CSS 样式表中，可以大大减小页面的体积，这样在加载页面时使用的时间也会大大减少。另外，CSS 样式表的复用在很大程度上缩减了页面的体积，减少了下载的时间。

3.6 JavaScript 技术基础

JavaScript 是由 Netscape 公司创造的一种脚本语言，是网络上应用最广泛的脚本语言，而且是 AJAX 等技术的绝对基础。它曾经几次改名，最终才定为 JavaScript。作为一门独立的编程语言，JavaScript 自然可以做很多的事情，首先，入门级别的 JavaScript 可以让网页动起来，可以做网页特效。其次，JavaScript 可以辅助后台做一些信息的检验，比如信箱格式是否合法。不过它最主要的应用还是在 Web 上——创建动态网页（许多人喜欢叫网页特效）。JavaScript 目前在网络上应用十分广泛，几乎在所有的动态网页里都能找到它的身影。目前流行的 AJAX 在很大程度上也是依赖于 JavaScript 而存在的。

此外，JavaScript 可以完成许多工作，如表单验证、增加网站的交互功能、提高用户体验等。

3.6.1 将 JavaScript 插入网页的方法

1. 插入 JavaScript

在网页中插入 JavaScript 与在网页中插入 CSS 的方式相似，使用下面的代码可以在网页中插入 JavaScript：

```
<script type="text/JavaScript">
...
</script>
```

其中省略的部分就是代码的内容。JavaScript 的插入位置不同，效果也会有所不同，还可以像 CSS 一样，将 JavaScript 保存成一个外部文件，这些内容会在下一节讨论。

2. 用 JavaScript 在网页中输出内容

JavaScript 使用 document.write 来输出内容，例如使用下面代码：

```
<script type="text/JavaScript">
document.write( "Kevin030824!" );
```

```
</script>
```

上述代码运行将会在网页上输出如下文字：

```
Kevin030824!
```

3. 对不支持 JavaScript 的浏览器隐藏代码

有些浏览器可能不支持 JavaScript，我们可以使用如下的方法对它们隐藏 JavaScript 代码。

```
<html>
<body>
<script type="text/JavaScript">
<!--
document.write( "Kevin030824!" );
//-->
</script>
</body>
</html>
```

对于不支持 JavaScript 的浏览器来说，<!-- --> 里的内容就等同于一段注释，而对于支持 JavaScript 的浏览器，这段代码仍然会执行。"//" 符号是 JavaScript 里的注释符号，在这里添加它是为了防止 JavaScript 试图执行 --> 部分。不过通常情况下，现在的浏览器几乎都支持 JavaScript，即使是不支持，也会了解如何合理地处理含有 JavaScript 的网页。

3.6.2 插入 JavaScript 的位置

1. body 里的 JavaScript

放在 body（内容）部分的 JavaScript 脚本在网页读取到相应语句的时候就会执行，例如：

```
<html>
<body>
<script type="text/JavaScript">
<!--
document.write( "Kevin030824!" );
//-->
</script>
</body>
```

2. head 里的 JavaScript

head（头）部分的脚本在被调用的时候才会执行，例如：

```
<html>
<head>
<script type="text/JavaScript">
....
</script>
</head>
```

3. 添加外部 JavaScript 脚本

也可以像添加外部 CSS 一样添加外部 JavaScript 脚本文件，其后缀通常为 .js，例如：

```
<html>
<head>
<script src="scripts.js"></script>
</head>
<body>
</body>
</html>
```

如果很多网页都需要包含一段相同的代码，那么将这些代码写入一个外部 JavaScript 文件是最好的方法。此后，任何一个需要该功能的网页，只需要引入这个 js 文件就可以了。

注意：脚本文件里头不能再含有 <script> 标签；放在 body 里的函数是一个例外，它并不会被执行，而是等被调用时才会执行。

3.6.3 JavaScript 语句

1. JavaScript 语句

来看看我们之前例子。

```
<script type="text/JavaScript">
<!--
document.write( "Kevin030824!" );
//-->
</script>
```

上面例子中的 document.write("Kevin030824!") 就是一个 JavaScript 语句，它可以告诉浏览器做出一个特定任务，这个语句是叫浏览器书写出一段内容。我们已经知道，document.write 的功能是输出文本，所以上面那个语句就是让浏览器输出“Kevin030824!”。

在 JavaScript 中，一行的结束就被认定为语句的结束。但是最好还是要在结尾加上一个分号“;”来表示语句的结束。这是一个编程的好习惯，事实上在很多语言中句末的分号都是必需的。

2. JavaScript 代码块（Blocks）

下面代码中用“{ }”符号括起来的几个语句组成的就是代码块。

```
<script type="text/javascript">
{
document.write( "<h1>This is a header</h1>" );
document.write( "<p>This is a paragraph</p>" );
document.write( "<p>This is another paragraph</p>" );
}
</script>
```

3.6.4 JavaScript 注释

1. 单行注释

插入单行注释的符号是“//”，例如：

```
<script type="text/JavaScript">
// 我是注释，我是注释
document.write( "Kevin030824!" );
</script>
```

2. 多行注释

多行注释以“/*”开始，以“*/”结束。例如：

```
<script type="text/JavaScript">
/*
谁说新人不会编程？
新人不但会编程
还有书写注释的良好习惯
*/
document.write( "Kevin030824!" );
</script>
```

通过上面的例子，相信你已经了解注释的作用了。HTML 的注释不会被浏览器作为 HTML 解释，CSS 注释也不会被浏览器解释。同理，JavaScript 的注释也不会被执行。

注释的作用就是记录自己在编程时候的思路，以便以后自己阅读代码时可以马上找到思路。同样，注释也有助于别人阅读自己书写的 JavaScript 代码。总之书写注释是一个良好的编程习惯。

3.6.5 JavaScript 变量

1. 代数

在代数中，我们会遇到下面的基础问题：如果 a 的值为 5，b 的值为 6，那么 a 与 b 的和是多少？在这个问题中，我们就可以把 a 和 b 看作变量，再设置一个变量 c 来保存 a 与 b 的和。

上面这个问题就可以用如下的 JavaScript 代码表示：

```
<script type="text/JavaScript">
// 计算 a + b 的和
a = 5;// 给变量 a 赋值
b = 5;// 给变量 b 赋值
c = a + b;//c 为 a + b 的和
document.write( c );// 输出 c 的值
</script>
```

那么，上述代码的执行结果就是“10”。

2. 变量名

在上面的例子中，我们用到了三个变量，即a、b、c。这些都是变量的名字，在JavaScript中，我们需要用变量名来访问这个变量。在 JavaScript 中，变量名有如下规定：

（1）变量名区分大小写，A 与 a 是两个不同的变量。

（2）变量名必须以字母或者下划线开头。

3. 赋值

我们把某一数值赋给某个变量的过程，称为赋值。来看一个上面出现过的语句：

```
a = 5 ;
```

这个语句表达的并不是“a 等于 5”，而是“让 a 等于 5”，即“给 a 赋值”。

我们之前已经提到过，a 是变量，是可以变的，所以从某种角度来说，它不等于任何值，只是暂时等于某个值。来看下面这个例子，进一步熟悉一下赋值与等于的关系：

```
a = 5;// 让 a 等于 5，a 的值暂时等于 5
a = 6;// 让 a 等于 6，a 的值暂时等于 6
```

再次强调，如果 JavaScript 是你学习的第一门编程语言，一定要注意区分“等于”和“赋值”这两个不同的概念。

4. 声明变量

```
<script type="text/JavaScript">
var a ; // 声明一个变量 a
```

```
a = 5 ; // 给变量赋值
</script>
```

其实在本课的第一个例子中我们已经看到，JavaScript 中可以不声明变量而直接赋值。不过先声明变量是一个良好的编程习惯。

5. 变量的数据类型

在 JavaScript 中，变量是无所不能的容器，你可以把任何东西存储在变量里，例如：

```
var quanNeng1 = 123;// 数字
var quanNeng2 = " 一二三 "// 字符串
```

其中，quanNeng2 这个变量存储了一个字符串，字符串需要用一对引号括起来。变量还可以存储更多的东西，例如数组、对象、布尔值等。我们会在后面介绍这些内容。

3.6.6 JavaScript 操作符（一）

1. 操作符举例

看下面这段 JavaScript 代码：

```
c = a + b;
```

其中的“=”和“+”都是操作符。

JavaScript 中还有很多这样的操作符，例如，“+”“ - ”“*”“/”是 JavaScript 中基本的几个操作符，它们的意义与在数学中没有什么差别。

JavaScript 中最常见的操作符是赋值操作符“=”，上一节我们已经强调过，它不是等于。

2. 操作符的优先级

我们都知道，在数学中，计算“a + b * c”这个式子时，乘法运算是先于加法运算的。同样，在 JavaScript 中，这个式子会按相同的顺序执行。我们称之为“优先级”，即“*”的优先级高于“+”。

在数学中，改变运算顺序的方法是添加括号，与数学运算规则一样，JavaScript 改变优先级的方法也是添加括号。例如：

```
( a +b ) * c
```

3. 字符串的连接

在 JavaScript 中，“+”不只代表加法，同样也可以使用它来连接两个字符串，例如：

```
example = " 乌 " +" 龟 ";
```

在上面的例子中，example 将包含“乌龟”这个字符串。这是由于“+”完成了“乌”和“龟”的连接，当然了，你也可以把这种行为理解成字符串的加法。

4. 自加一和自减一操作符

这里我们学习两个非常常用的运算符，自加一“++”和自减一“--”。首先来看一个例子：

```
a = 5;
a++;//a 的值变为 6
a--;//a 的值有变为 5
```

上面的例子中，“a++”使得 a 的值在原来的基础上增加 1，“a--”则让 a 在现在的基础上在减去 1。所以，其实“a++”也可以写成：

```
a = a + 1;// 等同于 a++
```

5. 复合操作符

延续上面的例子，其实“a = a + 1”还可以写成：

```
a +=1;// 将 a 的值加 1 之后再赋给 a
```

这种把运算和赋值结合到一起的操作符叫作复合操作符。上面我们看到的是加法与赋值的结合，JavaScript 中还有其他的复合运算符：

```
a += b;// a = a + b
a -= b;// a = a - b
a *= b;// a = a * b
a /= b;// a = a / b
```

3.6.7 JavaScript 操作符（二）

1. 比较操作符

“==”符号就是一个比较操作符，它表示的意思就是“相等”。

例如：a==b 表示“a 与 b 的值相等。”

在 JavaScript 中，这样的比较操作符有很多，下面就用 a、b 表示的方法列出这些操作符以及它们的含义：

“a>b”——a 大于 b；

“a<b”——a 小于 b；

“a>=b”——a 大于等于 b；

“a<=b”——a 小于等于 b；

“a==b”——a 等于 b；

“a!=b”——a 不等于 b。

2. 逻辑操作符

数学里面的“a>b”在 JavaScript 中还表示为“a 大于 b”；数学中的“b 大于 a，b 小于 c”

用“a<b<c”表示，但在 JavaScript 中表示“b 大于 a”需要这么写：

```
b>a &&  a<b
```

你可能已经猜到了，代码中的“&&”是“而且”的意思。下面我们将用 if 语句的例子介绍“& &”的用法：

```
if( 条件 1 && 条件 2 )
{// 代码 }
```

这个例子表达的意思是：只有条件 1 和条件 2 同时满足，代码才会得到执行。类似的操作符还有“||”和“!”，其用法如下：

```
if( 条件 1 || 条件 2 )
{// 代码 }
```

“||”表示“或者”的意思，那么上面例子的意思就是：只要条件 1 或条件 2 中有一个满足，代码就会得到执行。

```
if( ! 条件 )
{// 代码 }
```

“！”表示“非”，也就是“不是”的意思，那么上面例子的意思就是：只有条件不满足的时候，代码才会得到执行。

3.6.8 JavaScript 中的 if…else 语句

在介绍 if…else 语句之前，让我们先来了解一下布尔值这个概念。

1. 布尔（Bool）值

在变量一节中，我们曾经讲过，变量可以用来存储布尔值。那么布尔值的作用究竟是什么呢？简单地说，布尔值的作用就是用来表示“真的”或“假的”。所以布尔值其实只有两种取值，即真（true）和假（false）。

2.if…else 语句实例

其实“if…else”的意思和字面意思是一样的，就是“如果……否则”。我们先来看一个使用 if 的例子。

例：假设你在为一个机器人编写程序，这个机器人的功能是对使用者的爱好做出评价。这个评价程序设计如下：当机器人问“你的爱好是什么？”时，如果答案是“JavaScript”，那么机器人回答“哇，有发展”。

这个机器人的程序对应的 JavaScript 代码就应该是：

```
<script type="text/JavaScript">
if( hobby == “JavaScript” )
{
```

```
document.write( " 有发展 " );
}
</script>
```

我们来解释一下这段代码。首先是 if，它后面紧跟着一个括号，括号里是一个条件，确切地说是一个布尔值。当条件成立的时候，这个值是 true，“{}”里的语句将会得到执行；否则这个值是 flase，“{}”里的语句将被忽略。

具体到我们的例子，如果 hobby 变量的值是“JavaScript”，则回答“有发展”，否则保持沉默。

当你回答爱好不是 JavaScript 时，机器人什么也不会做。如果你希望它能对这种情况做出反应，我们可以请 else 来帮忙，看下面的代码：

```
<script type="text/JavaScript">
var hobby = "JavaScript"
if( hobby == "JavaScript" )
{
document.write( " 有发展 " );
}
else// 如果爱好不是 JavaScript
{
document.write( " 没有评价……" );
}
</script>
```

上面的代码用到了 else，它会给 if 添加一种“否则”的状态。当 hobby 不是“JavaScript”的时候，它会表明“没有评价”。

利用 if…else 语句，我们还可以为例子中的机器人编制更为复杂的程序，例如：

```
<script type="text/JavaScript">
var hobby = "JavaScript"
if(  hobby == "JavaScript" )
{
document.write( " 有发展 " );
}
else if(  hobby == "football" )// 如果爱好是足球
// 注意：这个 if 是嵌套在上一个 if…else 中的 else 中的
{
document.write( " 我也是 " );
```

```
}
else// 既不是 JavaScript 也不是足球
{
document.write( " 没有评价……" );
}
</script>
```

这个例子中的第二个 if 只有在第一个 if 的条件不成立的时候才有机会执行。

3.6.9 JavaScript 中的 switch 语句

上一节我们已经看到，利用 if…else 语句可以让程序具有基本的判断能力，而使用嵌套的 if…else 语句则可以让程序对多种情况进行判断。但是当情况的种类比较多的时候，我们使用 switch 语句将更加合适。

例：根据要求利用 JavaScript 设计程序：输入一个学生的考试成绩（我们按照每十分一登记将成绩分等），程序根据成绩的等级做出不同的评价。

很明显，用 if…else 语句可以实现上面例子中要求的程序，但是代码会很复杂。而如果使用 switch 语句，代码则会简单一些，首先来看一下思路：

（1）将分数转化为特定等级以便于 switch 处理；

（2）判断分数属于哪种等级；

（3）根据分数等级做出评价，例如低于 60 给出挂科评价。

翻译成 JavaScript 就是如下代码（注意注释）：

```
<script type="text/JavaScript">
// 首先，我们用 score 变量来存储分数，假设为 65
var score = 65;
// 用分数除以 10，parseInt 的作用是把它转换为整数，
// 暂时不用深究，( ) 内最后的结果为 6
switch( parseInt( score / 10 )) {
//switch 开始实现判断过程，case6 得到满足
case 0:
case 1:
case 2:
case 3:
case 4:
case 5:
// 根据不同的等级做出不同的行为
```

```
// 冒号后面的语句就是行为
//case0 到 5 的行为都是下面这个语句
degree = " 恭喜你，又挂了！ ";
break;
case 6:
degree = " 勉强及格 ";
break;
case 7:
degree = " 凑合，凑合 "
break;
case 8:
degree = " 不错，不错 ";
break;
case 9:
case 10:
degree = " 高手高手，佩服佩服 ";
}//end of switch
</script>
```

记得在每个 case 所执行的语句里添加上一个 break 语句。为了理解 break 的作用，我们来看看如果没有 break 会怎么样：

```
<script type="text/JavaScript">
switch ( parseInt( score / 10 ) ) {
case 0:
case 1:
case 2:
case 3:
case 4:
case 5:
degree = " 恭喜你，又挂了！ ";
case 6:
degree = " 勉强及格 ";
case 7:
degree = " 凑合，凑合 "
case 8:
```

```
degree = " 不错，不错 ";
case 9:
case 10:
degree = " 高手高手，佩服佩服 ";
}//end of switch
</script>
```

在上面的代码中，如果成绩是 50 分，那么 score/10 就是 5，则 case5 后面的语句将会得到执行，同样，case6、case7 等后面的语句都会得到执行。也就是说，我们会得到“恭喜你，又挂了！”“勉强及格”“凑合，凑合”“不错，不错”“高手高手，佩服佩服”这样没有意义的评价。

这就是 swtitch 语句的执行逻辑，当发现某个 case 满足后，该 switch 中在该 case 后的所有语句都会得到执行，直到遇见 break 为止。第一个例子中的 break 就是为了让 switch“停下来”。

3.6.10 JavaScript 弹出框

JavaScript 中有三种弹出框，即警告（alert）、确认（confirm）、提问（prompt）。

1. 警告（alert）

在访问网站的时候，你可能会遇到过这样的情况：“咚”的一声，一个小窗口出现在你面前，上面写着一段警示性的文字，或是其他的提示信息。如果你不点击确定，你就不能对网页做任何的操作。没错，这个“咚”的小窗口就是 alert 执行的结果。

下面的代码是一段使用 alert 的实例。

```
<script type="text/JavaScript">
alert( "Kevin030824" );
</script>
```

2. 确认（confirm）

确认框用于让用户针对某一个问题做出符合实际情况的回答。

“说！是还是不是？快回答！”如果你想表达这样的意思，那么 confirm 再合适不过了。

例：我们用 confirm(" 你是新人吗？ ") 向访客提问，用变量 r 保存了访客的回应，它只可能有两种取值，即 true 或 false。confirm 后面的语句则是我们对访客回答做出的不同回应。用代码表示如下：

```
<script type="text/JavaScript">
var r=confirm( " 你是新人吗？ " );
if( r==true )
{
```

```
document.write( " 彼此彼此 " );
}
else
{
document.write( " 佩服佩服 " );
}
</script>
```

3. 提问（prompt）

prompt 和 confirm 类似，不过它允许访客随意输入回答。我们来修改一下之前 switch 的例子，我们根据分数来做出不同的评价，不过那段程序并不完整，它根本就没有向访客提问分数，而是假设访客得了 65 分。现在我们可以用 prompt 来向访客提问，用 score 存储用户输入的回答，其余的事情就都由后面的 switch 来完成了。

```
<script type="text/JavaScript">
function judge( ) {
var score;// 分数
var degree;// 分数等级
score = prompt( " 你的分数是多少？ " )
if( score > 100 ){
degree = " 耍我？ 100 分满分！ "
}
else{
switch ( parseInt( score / 10 ) ) {
case 0:
case 1:
case 2:
case 3:
case 4:
case 5:
degree = " 恭喜你，又挂了！ ";
break;
case 6:
degree = " 勉强及格 ";
break;
```

```
case 7:
degree = " 凑合，凑合 "
break;
case 8:
degree = " 不错，不错 ";
break;
case 9:
case 10:
degree = " 高手高手，佩服佩服 ";
}//end of switch
}//end of else
alert( degree );
}
</script>
```

3.6.11 JavaScript 函数

通常情况下，函数是完成特定功能的一段代码。把一段完成特定功能的代码块放到一个函数里，以后就可以调用这个函数了，这样就省去了重复输入大量代码的麻烦。

我们上一节所使用的 alert 其实就是一个函数，我们就以它为例来讲解函数的作用。如果没有 alert 这个函数，制作一个警告框可能需要如下工作：

（1）在屏幕上显示一个小窗口；

（2）发出“咚”的提示音；

（3）……

（4）将警告文字显示在窗口中；

（5）给出一个确定按钮；

（6）……

而有了 alert 这个函数之后，我们只需要写出下面一行代码即可完成上述工作：

```
alert( " 警告文字 " );
```

正如前面所说的，一个函数的作用就是完成一项特定的任务。如果没有函数时，完成一项任务可能需要五行、十行，甚至更多行的代码。每次需要完成某个任务的时候都重写一遍代码显然不是一个好主意。这时我们就可以编写一个函数来完成这个任务，以后只要调用这个函数就可以了。

1. 简单的函数定义

（1）定义一个函数。

定义函数的格式如下：

```
function 函数名（ ）{
函数代码；
}
```

把“函数名”替换为想用的名字，把“函数代码”替换为完成特定功能的代码，函数就定义好了。了解了如何定义函数，我们就来编写一个实现两数相加的简单函数吧。

首先给函数起一个有意义的名字，即“add2”。它的代码如下：

```
function add2( ){
sum = 1 + 1;
alert( sum );
}
```

（2）函数的调用。

假设通过上面的代码，我们实现了函数的定义，那么如何调用呢？其实可以通过很多种方法调用上面的函数，我们这里使用最简单的函数调用方式——按钮的点击事件，JavaScript 事件会在后面介绍。

2．带参数的函数

事实上，上一个例子中的函数不能实现两数相加。正确的函数的定义应该是下面的格式：

```
function( 参数 1, 参数 2, 参数 3 ){
部分函数代码……
……
}
```

按照这个格式，我们的函数应该写成：

```
function add2( x,y ){
sum = x + y;
alert( sum );
}
```

x 和 y 是我们函数的两个参数，调用函数的时候，我们就可以通过这两个参数把两个加数传递给函数了。例如，add2(3，4) 会求出 3 和 4 的和，add2(56，65) 则会求出 56 和 65 的和。

3．带返回值的函数

如果我们想对结果做些处理，可以把 alert(sum) 一行改成下面的代码：

```
return sum;
```

return 后面的值叫作返回值，使用下面的语句调用函数就可以将这个返回值存储在变量中了。

```
result = add2( 3,4 );
```

该语句执行后，result 变量中的值为 7(3+4)。值得说明的是，虽然在我们例子中的函数里，参数和返回值都是数字，但其实它们也可以是字符串等其他类型。

3.6.12 JavaScript 中的 for 循环

所谓循环，就是重复执行一段代码。

通过前面的学习，我们已经知道 if…else 语句和 switch 语句使 JavaScript 具有了判断的能力，但是电脑的判断能力和人比起来差远了。电脑更擅长一件事情——不停地重复。我们在 JavaScript 中把这叫作循环 (loop)。

1. for 循环的简单例子——新人报数

在了解 for 循环的语法之前，还是让我们来看一个简单的例子，要求：10 个新人依次报数，分别是“新人 1 号、新人 2 号、新人 3 号……”。有了 for 循环，很少的代码就可以实现 10 个新人的报数。代码如下：

```
<script type="text/JavaScript">
var i=1;
for ( i=1;i<=10;i++ )
{
document.write( " 新人 "+i+" 号 <br />" );
}
</script>
```

代码运行结果如下：

```
新人 1 号
新人 2 号
新人 3 号
新人 4 号
新人 5 号
新人 6 号
新人 7 号
新人 8 号
新人 9 号
新人 10 号
```

2. for 循环的工作方式

在上面那个例子中，循环恰好执行了 10 次，那么“for (i=1;i<=10;i++)”一句中的 10 是不是 10 次的意思呢？下面我们就来看看 for 循环的工作机制。

首先“i=1”叫作初始条件，也就是从哪里开始。在这里，我们的例子从 i=1 开始。

出现在第一个分号后面的“i<=10”表示判断条件，每次循环都会先判断这个条件是否满足，如果满足则继续循环，否则停止循环，继续执行 for 循环后面的代码。

最后的“i++”表示让 i 在自身的基础上加 1，这样每次循环后的动作，也就是说，当每次循环结束时，i 都会比原来大 1，执行若干次循环之后，i<=10 的条件就不满足了，这时循环结束。for 循环后面的代码也就会到执行。

3. for 循环总结

至此，我们可以把 for 循环的语法结构总结如下：

```
for( 初始条件 ; 判断条件 ; 循环后动作 )
{
循环代码
}
```

3.6.13 JavaScript 中的 while 循环

while 循环重复执行一段代码，直到某个条件不再满足。

1. 循环的另一种方法

其实 while 循环和 for 循环的作用都是重复执行代码，例如下面这段代码，和上一节 for 循环的输出结果完全没有区别。让我们先来看看下面例子的代码，然后再解释为什么这个循环会和上一节的 for 循环等价。

```
<html>
<body>
<script type="text/JavaScript">
var i=0;
while ( i<=10 )
{
document.write( " 新人 "+i+" 号 " );
document.write( "<br />" );
i=i+1;
}
</script>
```

```
</body>
</html>
```

2. while 循环的工作机制

让我们来看看 while 循环的执行过程：

```
while( 判断条件 )
{
循环代码
}
```

while 循环看起来好像比 for 循环少了点东西，只有一个判断条件。其实这个循环也是有初始条件的，只不过在之前就已经定义好了，例如上面例子中的“var i=0”，至于变量 i 的增大，则是放到了循环体里面，其实这个过程和 for 没有什么区别，也是变量 i 不断变大，直到判断条件不满足，则循环结束。

3. do…while 结构

do…while 结构的基本原理和 while 结构是基本相同的，但是它保证循环体至少被执行一次。因为它是先执行代码，后判断条件。例子如下：

```
<script type="text/JavaScript">
i = 0;
do
{
document.write( "The number is " + i );
document.write( "<br />" );
i++;
}
while ( i <= 5 )
</script>
```

3.6.14 JavaScript break 与 continue

break 可以跳出循环，continue 跳过本次循环。

1. break

break 语句可以让循环中途停止，直接执行后面的代码。格式如下：

```
while ( i<10 )
{
if( 特殊情况 )
```

```
break;
循环代码
}
```

在 break 语句中，当特殊情况发生的时候，循环就会立即结束。看看下面的例子：

```
<html>
<body>
<script type="text/JavaScript">
var i=0;
for ( i=0;i<=10;i++ )
{
if( i==6 )
{
break;// 如果 i 是 6 的话就退出循环
}
document.write( " 新人 "+i+" 号 <br />" );
}
</script>
</body>
</html>
```

在这个例子中，当 i=6 的时候循环就会结束。

2. continue

continue 的作用是仅仅跳过本次循环，而整个循环体继续执行。它的格式如下：

```
while ( 判断条件 )
{
if( 特殊情况 )
continue;
循环代码
}
```

在上面的循环中，当特殊情况发生的时候，本次循环将被跳过，而后续的循环则不会受到影响，来看看下面的例子：

```
<html>
<body>
<script type="text/JavaScript">
```

```
var i=0
for ( i=0;i<=10;i++ )
{
if ( i==6 )
{
continue;
}
document.write( "The number is " + i );
document.write( "<br />" );
}
</script>
</body>
</html>
```

上面的代码中，i=6 的那次循环将被跳过。

3.6.15 JavaScript 中的 for...in 循环

Javascript 中的 for…in 循环通常用来遍历数组。首先要了解什么是数组，所谓数组，其实就是一个保存了一组类似变量的一个集合。我们来看一个保存了爱好的数组实例：

```
<html>
<body>
<script type="text/JavaScript">
var x;
var hobbies = new Array( );// 创建一个新的数组
hobbies[0] = "JavaScript";
hobbies[1] = "CSS";
hobbies[2] = " 篮球 ";
for ( x in hobbies )// 数组中的每一个变量
{
document.write( hobbies[x] + "<br />" );
}
</script>
</body>
</html>
```

上面代码的输出结果如下：

JavaScript

CSS

篮球

我们来分析一下上面的例子：

“var hobbies = new Array( )”一句表示创建了一个新的数组。

“hobbies[0] = JavaScript”以及之后的两句则是给 hobbies 数组赋值。这与我们之前见过的变量赋值不太一样，hobbies 后面多出一个“[0]”，这个是变量的索引。我们之前已经说了，数组是变量的集合，因此我们在赋值之前需要指明给数组中的哪一个变量赋值。在这里，“[0]”表示的是 hobbies 数组所包含的第一个变量。

最后的 for…in 循环就很好理解了，表示遍历 hobbies 数组的所有变量，并且将它们逐一输出。

3.6.16 JavaScript 事件

我们之前提到过函数的调用。函数定义之后，默认是不会执行的，这时候就需要一些事件来触发这个函数的执行。

1. 事件简介

JavaScript 有很多事件，例如鼠标的点击和移动、网页的载入和关闭。我们先来定义一个函数，再看几个事件的实例。

示例函数如下：

```
<script type="text/JavaScript">
function displaymessage( )
{
alert( "Kevin030824!" );
}
</script>
```

上述函数的事件很简单，只是显示一条消息。

2. 点击事件

使用点击事件调用，需要给元素设置 onclick 属性。示例代码如下：

```
<button value=" 点击提交 " onclick="displaymessage( )"> // onclick 调用函数
</button>
```

在上面这个示例中，由于设置了 onclick="displaymessage( )"，因此点击按钮就会调用函数。

3. 鼠标经过、移出事件

鼠标经过事件是指当试着把鼠标移动到这个 div 里面时，将会调用函数。使用鼠标经过事件调用函数的代码如下：

```
<button value=" 点击提交 " onmouseover="displaymessage( )"> // 鼠标滑过调用函数
</button>
```

鼠标移出事件是指当试着把鼠标移动到这个 div 里面再移动出去时，将会调用函数。使用鼠标移出事件调用函数的代码如下：

```
<button value=" 点击提交 " onmouseout="displaymessage( )"> // 鼠标移出调用函数
</button>
```

3.6.17 JavaScript 调试

try、catch 用来调试一段可能出错的代码，格式如下：

```
try {
// 要调试的代码
}
catch( e ){
// 如果出现错误将会执行这个代码块
}
finally{
// 无论是否出错都会执行的代码
}
```

3.6.18 JavaScript 特殊字符

JavaScript 中有一些特殊的字符，如果想要在字符串中使用，需要加上一个反斜线。

1. 遇到问题的字符串

我们在之前已经看过好多应用字符串的例子，例如：

```
document.write( "Kevin030824!" );
```

这个例子输出是：Kevin030824!

现在如果我们想要输出：小明说："Kevin030824？ "。该怎么办呢？代码中的双引号被当作 JavaScript 标记字符串开始和结束的符号，我们怎么能在字符串里再引入双引号呢？看看下面这个例子：

```
document.write( " 小明说：\"kevin030824？ \"。" );
```

其实解决这一问题，我们只要在双引号前面加上一个反斜线就可以了。在 JavaScript 中有很多这样具有功能的特殊字符，如果需要把它们插入字符串只需要在前面加上一个反斜线“\”。

2.特殊字符列表

表 3-1　JavaScript 特殊字符代码

代码	输出
\'	单引号
\"	双引号
\&	与符号
\\	反斜线
\n	换行
\r	回车
\t	制表符
\b	后退
\f	form feed（换页符）

3.6.19 JavaScript 指导准则

JavaScript 是区分大小写的，但可以有多余空白的，使用“\”表示本行未完。

1. JavaScript 区分大小写

变量名和函数名都区分大小写。

2. 空格

多余的空格是被忽略的。例如下面这两个语句：

```
a = b+c;
a = b + c ;
```

事实上它们是等价的。

3. 本行未完

浏览器读到一行末尾会自动判定本行已经结束，不过我们可以通过在行末添加一个“\”来告诉浏览器本行没有结束。例如下面这两个语句：

```
document.write( "Hello \
World!" )
document.write( "Hello World" )
```

它们的输出结果是完全一样的。

3.7　Android Native Activity

Activity 是 Android 提供的应用程序架构，它规定了一个应用运行的框架和生老病死，负责程序的基础设施的创建和销毁，以及各个 Activity 之间的切换、状态管理等。

有了这些规定，每个应用开发者，不需要关心进程的创建，不需要关心主循环，比如你不会在 APK 包里面看到 main 函数，也不会在 APK 包里面看到有关主循环的东西，你不需要关心你的程序如何被暂停、如何被关闭，只需要按照它规定的接口写，就万无一失了。这些接口很简单，也就是 onCreate、onStart、onResume,onPause、onResume、onRestart、onStop、onDestory，这些接口也不是都需要实现的。

我们写的 Activity 只是执行实体，其实并不包含基础设施，比如 main、主循环、消息队列等，那都是框架给我们提供的。

Activity 有自己的生命周期，也就是七个状态，我们需要严格按照它的规定在适当的地方做适当的事情。其中 onCreate 是必须的，onPause 通常也是需要提供的，它甚至比 onStop 更可靠，我们还需要在这里做保存工作；其他的依个人需要而设置，只要保证调用顺序正确即可，第一次启动时的调用顺序为：onCreate→onStart→onResume；暂停到停止的调用顺序为：onPause→onStop，继续的调用顺序为：onRestart→onStart→onResume；onDestory 的执行时机，Android 不提供保证，也不保证在结束一个 Activity 的时候 onStop 一定会被执行，但是 onPause 是一定会被执行的，所以在这里做保存工作准没错，同时，Android 要求不要在这里做太多费时的工作。

AndroidManifest.xml 里面有很多的选项，可以控制几乎各方面的内容，包括权限控制、显示风格、Activity 的工作方式、应用程序的建立方式、广播的接收，以及内容提供者的设置等。

整个切换过程，通常包括自己写的 Activity 文件、Instrumentation.java、Application Context.java、Activity.java、ActivityThread.java、ActivityManagerService.java，还有一些 Binder 调用相关的代理文件，主要的实现代码基本上就在这些文件里面。

3.8　使用 C/C++ 编写 OpenGL 程序入门

OpenGL 作为当前主流的图形 API 之一，它在一些场合具有比 DirectX 更优越的特性。

1. 与 C 语言紧密结合

OpenGL 命令最初就是用 C 语言函数来进行描述的，对于学习过 C 语言的人来讲，

OpenGL 是容易理解和学习的。如果你曾经接触过 TC 的 graphics.h，你就会发现，使用 OpenGL 作图甚至比 TC 更加简单。

2. 强大的可移植性

微软的 Direct3D 虽然也是十分优秀的图形 API，但它只能用于 Windows 系统。而 OpenGL 不仅能用于 Windows，还可以用于 Unix/Linux 等其他系统，甚至在大型计算机、各种专业计算机（如医疗用显示设备）上都有应用。并且，OpenGL 的基本命令都做到了与硬件无关，甚至是与平台无关。

3. 高性能的图形渲染

OpenGL 是一个工业标准，它的技术紧跟时代，现今各个显卡厂家无一不对 OpenGL 提供强力支持，激烈的竞争使得 OpenGL 的性能一直领先。

3.8.1 第一个 OpenGL 程序

一个简单的 OpenGL 程序如下：

```
#include<GL/glut.h>
voidmyDisplay( void )
{
glClear( GL_COLOR_BUFFER_BIT );
glRectf( -0.5f,-0.5f,0.5f,0.5f );
glFlush( );
}
int main( intargc,char*argv[] )
{
glutInit( &argc,argv );
glutInitDisplayMode( GLUT_RGB|GLUT_SINGLE );
glutInitWindowPosition( 100,100 );
glutInitWindowSize( 400,400 );
glutCreateWindow( " 第一个 OpenGL 程序 " );
glutDisplayFunc( &myDisplay );
glutMainLoop( );
return 0;
}
```

该程序的作用是在一个黑色的窗口中央画一个白色的矩形。下面对各行语句进行说明。

首先，程序需要包含头文件 <GL/glut.h> 就是 GLUT 的头文件。

本来 OpenGL 程序一般还要包含 <GL/gl.h> 和 <GL/glu.h>，但 GLUT 的头文件中已经自动将这两个文件包含了，因此不必再次包含。

然后看 main 函数。int main(intargc,char*argv[])，这个是带命令行参数的 main 函数。注意 main 函数中的各语句，除了最后的 return 之外，其余全部以 glut 开头。这种以 glut 开头的函数都是 GLUT 工具包所提供的函数，下面对用到的几个函数进行介绍。

（1）glutInit，对 GLUT 进行初始化。这个函数必须在其他的 GLUT 使用之前调用一次，其格式比较死板，一般照抄这句 glutInit(&argc,argv) 就可以了。

（2）glutInitDisplayMode，用来设置显示方式，其中 GLUT_RGB 表示使用 RGB 颜色，与之对应的还有 GLUT_INDEX(表示使用索引颜色)。GLUT_SINGLE 表示使用单缓冲，与之对应的还有 GLUT_DOUBLE(使用双缓冲)。

（3）glutInitWindowPosition，用来设置窗口在屏幕中的位置。

（4）glutInitWindowSize，用来设置窗口的大小。

（5）glutCreateWindow，根据前面设置的信息创建窗口，但窗口被创建后，并不立即显示到屏幕上，需要调用 glutMainLoop 才能看到窗口。参数将被作为窗口的标题。

（6）glutDisplayFunc，用来设置一个函数。当需要进行画图时，这个函数就会被调用。

（7）glutMainLoop，用来进行一个消息循环。这个函数可以显示窗口，并且等待窗口关闭后才会返回。

在 glutDisplayFunc 函数中，我们设置了“当需要画图时，请调用 myDisplay 函数”。于是 myDisplay 函数就用来画图。观察 myDisplay 中的三个函数调用，发现它们都以 gl 开头。这种以 gl 开头的函数都是 OpenGL 的标准函数，下面对用到的函数进行介绍。

（1）glClear，表示清除。GL_COLOR_BUFFER_BIT 表示清除颜色，glClear 函数还可以清除其他的东西，但这里不做介绍。

（2）glRectf，表示画一个矩形。括号内的四个参数分别表示了位于对角线上的两个点的横、纵坐标。

（3）glFlush，用来保证前面的 OpenGL 命令立即执行，而不是让它们在缓冲区中等待，其作用跟 fflush(stdout) 类似。

3.8.2 点、直线和多边形

我们知道数学中有点、直线和多边形的概念，但这些概念在计算机中会有所不同。

数学上的点，只有位置，没有大小。但在计算机中，无论计算精度如何提高，始终不能表示一个无穷小的点。另一方面，无论图形输出设备（如显示器）如何精确，始终不能输出一个无穷小的点。一般情况下，OpenGL 中的点将被画成单个的像素，虽然它可能足够小，但并不会是无穷小。同一像素上，OpenGL 可以绘制许多坐标只有稍微不同的点，但该像素的具体颜色将取决于 OpenGL 的实现。

同样，数学上的直线也没有宽度，但 OpenGL 的直线则是有宽度的。同时，OpenGL 的直线必须是有限长度，而不是像数学概念那样是无限的。因此我们可以认为，OpenGL 的“直线”概念与数学上的“线段”接近，它可以由两个端点来确定。

多边形是由多条线段首尾相连而形成的闭合区域。OpenGL 规定，一个多边形必须是一个“凸多边形”（其定义为：多边形内任意两点所确定的线段都在多边形内，由此也可以推导出，凸多边形不能是空心的）。多边形可以由其边的端点（这里可称为顶点）来确定。（如果使用的多边形不是凸多边形，则最后输出的效果是未定义的——OpenGL 为了效率，放宽了检查，这可能导致显示错误。要避免这个错误，尽量使用三角形，因为三角形都是凸多边形）

可以想象，通过点、直线和多边形，就可以组合成各种几何图形。你可以把一段弧看成是很多短的直线段相连，这些直线段足够短，以至于其长度小于一个像素的宽度。这样一来弧和圆也可以表示出来了。通过位于不同平面的相连的小多边形，我们还可以组成一个“曲面”。

3.8.3 在 OpenGL 中指定顶点

由以上的讲解可以知道，“点”是一切的基础。

如何指定一个点呢？OpenGL 提供了一系列函数用来指定点。它们都以 glVertex 开头，后面跟一个数字和 1~2 个字母。例如：

```
glVertex2d
glVertex2f
glVertex3f
glVertex3fv
……
```

其中，数字表示参数的个数，例如，2 表示有两个参数，3 表示三个，4 表示四个；字母表示参数的类型，例如，s 表示 16 位整数（OpenGL 中将这个类型定义为 GLshort），i 表示 32 位整数（OpenGL 中将这个类型定义为 GLint 和 GLsizei），f 表示 32 位浮点数（OpenGL 中将这个类型定义为 GLfloat 和 GLclampf），d 表示 64 位浮点数（OpenGL 中将这个类型定义为 GLdouble 和 GLclampd），v 表示传递的几个参数将使用指针的方式。

这些函数除了参数的类型和个数不同以外，功能是相同的。例如，以下五个代码段的功能是等效的：

```
glVertex2i( 1,3 );
glVertex2f( 1.0f,3.0f );
glVertex3f( 1.0f,3.0f,0.0f );
glVertex4f( 1.0f,3.0f,0.0f,1.0f );
```

```
GLfloatVertexArr3[]={1.0f,3.0f,0.0f};
glVertex3fv( VertexArr3 );
```

以后我们将用 glVertex* 来表示这一系列函数。OpenGL 的很多函数都是采用这样的形式，一个相同的前缀再加上参数说明标记，这一点会随着学习的深入而有更多的体会。

假设现在我们已经指定了若干顶点，那么 OpenGL 是如何知道我们想拿这些顶点来干什么呢？是一个一个地画出来，还是连成线？或者构成一个多边形？或者做其他什么事情？

为了解决这一问题，OpenGL 要求指定顶点的命令必须包含在 glBegin 函数之后、glEnd 函数之前（否则指定的顶点将被忽略），并由 glBegin 来指明如何使用这些点。例如：

```
glBegin( GL_POINTS );
glVertex2f( 0.0f,0.0f );
glVertex2f( 0.5f,0.0f );
glEnd( );
```

输入上面代码则会画出两个点。但如果将 GL_POINTS 替换成 GL_LINES，则两个点将被认为是直线的两个端点，OpenGL 将会画出一条直线。此外，我们还可以指定更多的顶点，然后画出更复杂的图形。

另一方面，glBegin 支持的方式除了 GL_POINTS 和 GL_LINES，还有 GL_LINE_STRIP、GL_LINE_LOOP、GL_TRIANGLES、GL_TRIANGLE_STRIP 和 GL_TRIANGLE_FAN 等，每种方式的大致效果见图 3-4。

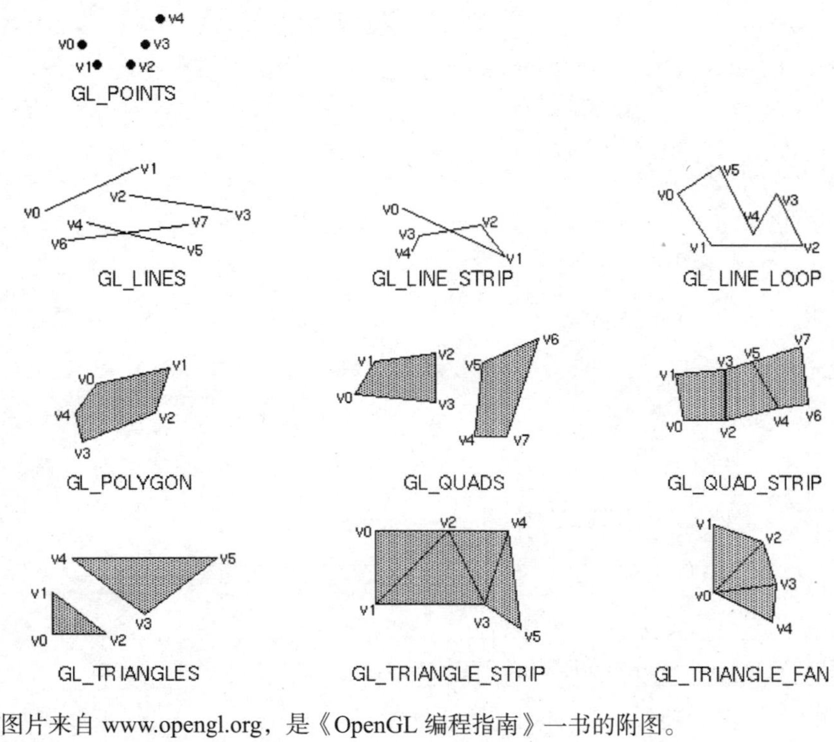

注：该图片来自 www.opengl.org，是《OpenGL 编程指南》一书的附图。

图 3-4　OpenGL 函数及图形

读者可以根据下面提供的格式自己尝试改变 glBegin 的方式和顶点的位置，生成一些有趣的图案。程序代码格式如下：

```
voidmyDisplay( void )
{
glClear( GL_COLOR_BUFFER_BIT );
glBegin( /* 在这里填上你所希望的模式 */ );
/* 在这里使用 glVertex* 系列函数 */
/* 指定你所希望的顶点位置 */
glEnd( );
glFlush( );
}
```

把这段代码改成你喜欢的样子，然后用它替换 3.8.1 中的 myDisplay 函数，编译后即可运行。

下面，我们将通过三个例子来巩固知识，检验学习效果。

例 1：画一个圆。

```
/*
n 为正多边形边长的数量，当 n 越大时，这个图形就越接近圆，当 n 大到一定程度后，人眼将无法把它跟真正的圆相区别。这时我们就成功地画出了一个“圆”。
试修改 constintn 的值，观察当 n 等于不同数值时输出的变化情况；将 GL_POLYGON 改为 GL_LINE_LOOP、GL_POINTS 等其他方式，观察输出的变化情况。
*/
#include<math.h>
constintn=20;
constGLfloatR=0.5f;
constGLfloatPi=3.1415926536f;
voidmyDisplay( void )
{
inti;
glClear( GL_COLOR_BUFFER_BIT );
glBegin( GL_POLYGON );
for( i=0;i<n;++i )
glVertex2f( R*cos( 2*Pi/n*i ),R*sin( 2*Pi/n*i ));
glEnd( );
glFlush( );
```

```
}
```

例 2：画一个五角星。

```
/*
设五角星的五个顶点分布位置关系如下：
```

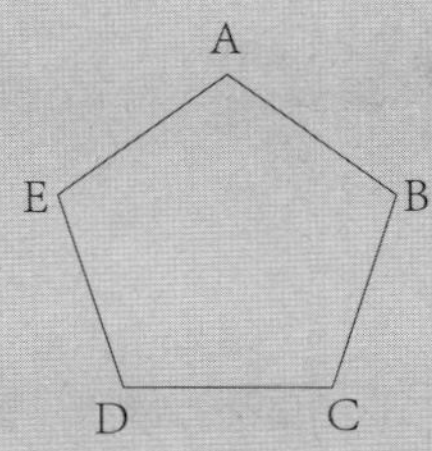


```
首先，根据余弦定理列方程，计算出五角星的中心到顶点的距离 a(假设五角星对应正五边形的边长为 1.0f)，则：
a²=1/( 2-2*cos( 72*Pi/180 ));
然后，根据正弦和余弦的定义，计算 B 的 x 坐标 bx 和 y 坐标 by，以及 C 的 y 坐标（假设五角星的中心在坐标原点）则：
bx=a*cos( 18*Pi/180 );
by=a*sin( 18*Pi/180 );
cy=-a*cos( 36*Pi/180 );
这样，五个点的坐标就可以通过以上四个量和一些常数简单地表示出来了。
*/
#include<math.h>
constGLfloatPi=3.1415926536f;
voidmyDisplay( void )
{
GLfloata=1/sqrt( 2-2*cos( 72*Pi/180 ));
GLfloatbx=a*cos( 18*Pi/180 );
GLfloatby=a*sin( 18*Pi/180 );
GLfloatcy=-a*cos( 36*Pi/180 );
GLfloat
PointA[2]={0,a},
PointB[2]={bx,by},
PointC[2]={0.5,cy},
PointD[2]={-0.5,cy},
PointE[2]={-bx,by};
glClear( GL_COLOR_BUFFER_BIT );
```

```
// 按照 A → C → E → B → D → A 的顺序，可以一笔将五角星画出
glBegin( GL_LINE_LOOP );
glVertex2fv( PointA );
glVertex2fv( PointC );
glVertex2fv( PointE );
glVertex2fv( PointB );
glVertex2fv( PointD );
glEnd( );
glFlush( );
}
```

例 3：画出正弦函数曲线。

```
/*
由于 OpenGL 默认坐标值只能从 -1 到 1，所以我们设置一个因子 factor，把所有的坐标值等比例缩小，这样就可以画出更多个正弦周期
试修改 factor 的值，观察变化情况
*/
#include<math.h>
constGLfloatfactor=0.1f;
voidmyDisplay( void )
{
GLfloatx;
glClear( GL_COLOR_BUFFER_BIT );
glBegin( GL_LINES );
glVertex2f( -1.0f,0.0f );
glVertex2f( 1.0f,0.0f );// 以上两个点可以画 x 轴
glVertex2f( 0.0f,-1.0f );
glVertex2f( 0.0f,1.0f );// 以上两个点可以画 y 轴
glEnd( );
glBegin( GL_LINE_STRIP );
for( x=-1.0f/factor;x<1.0f/factor;x+=0.01f )
{
glVertex2f( x*factor,sin( x )*factor );
}
glEnd( );
```

```
glFlush( );
}
```

3.8.4 颜色模式

OpenGL 支持两种颜色模式：一种是 RGBA，一种是颜色索引模式。

无论哪种颜色模式，计算机都必须为每一个像素保存一些数据。不同的是，在 RGBA 模式中，数据直接就代表了颜色；而在颜色索引模式中，数据代表的是一个索引，要得到真正的颜色，还必须去查索引表。

1. RGBA 颜色

RGBA 模式中，每一个像素会保存以下数据：R 值（红色分量）、G 值（绿色分量）、B 值（蓝色分量）和 A 值（Alpha 分量）。其中红、绿、蓝三种颜色相组合，就可以得到我们所需要的各种颜色，而 Alpha 不直接影响颜色，它将留待以后介绍。

在 RGBA 模式下选择颜色是十分简单的事情，只需要一个函数就可以搞定。

glColor* 系列函数可以用于设置颜色，其中三个参数的版本可以指定 R、G、B 的值，而 A 值采用默认；四个参数的版本可以分别指定 R、G、B、A 的值。例如：

```
voidglColor3f( GLfloatred,GLfloatgreen,GLfloatblue );
voidglColor4f( GLfloatred,GLfloatgreen,GLfloatblue,GLfloatalpha );
```

将浮点数作为参数，其中 0.0 表示不使用该种颜色，而 1.0 表示将该种颜色用到最多。例如：

```
glColor3f( 1.0f,0.0f,0.0f ); //表示不使用绿、蓝色，而将红色使用最多，于是得到最纯净的红色
glColor3f( 0.0f,1.0f,1.0f ); //表示使用绿、蓝色到最多，而不使用红色。混合的效果就是浅蓝色
glColor3f( 0.5f,0.5f,0.5f ); //表示各种颜色使用一半，效果为灰色
```

代码中的浮点数可以精确到小数点后若干位，这并不表示计算机就可以显示如此多种的颜色。实际上，计算机可以显示的颜色种数由硬件决定。如果 OpenGL 找不到精确的颜色，会进行类似“四舍五入”的处理。

大家可以通过改变下面代码中 glColor3f 的参数值，绘制不同颜色的矩形。

```
voidmyDisplay( void )
{
glClear( GL_COLOR_BUFFER_BIT );
glColor3f( 0.0f,1.0f,1.0f );
glRectf( -0.5f,-0.5f,0.5f,0.5f );
glFlush( );
```

```
}
```

另外需要注意的是，glColor 系列函数在参数类型不同时，表示“最大”颜色的值也不同，具体如下：

（1）采用 f 和 d 作后缀的函数，以 1.0 表示最大的使用；

（2）采用 b 作后缀的函数，以 127 表示最大的使用；

（3）采用 ub 作后缀的函数，以 255 表示最大的使用；

（4）采用 s 作后缀的函数，以 32767 表示最大的使用；

（5）采用 us 作后缀的函数，以 65535 表示最大的使用。

2. 索引颜色

在索引颜色模式中，OpenGL 需要一个颜色表。这个表就相当于画家的调色板：虽然可以调出很多种颜色，但同时存在于调色板上的颜色种数不会超过调色板的格数。试将颜色表的每一项想象成调色板上的一个格子，每个格子保存了一种颜色。

在使用索引颜色模式画图时，当你想把第 i 种颜色设置为某某，其实就相当于将调色板的第 i 格调为某某颜色。当你需要第 k 种颜色来画图，那么就用画笔去蘸一下第 k 格调色板。

颜色表的大小是很有限的，一般在 256~4096 之间，且总是 2 的整数次幂。在使用索引颜色方式进行绘图时，需要先设置颜色表，然后再选择颜色。

（1）选择颜色。

使用 glIndex* 系列函数可以在颜色表中选择颜色。其中最常用的可能是 glIndexi，它的参数是一个整形。例如：

```
voidglIndexi( GLintc );
```

（2）设置颜色表。

OpenGL 并没有直接提供设置颜色表的方法，因此设置颜色表需要使用操作系统的支持。我们所用的 Windows 和其他大多数图形操作系统都具有这个功能，但所使用的函数却不相同。

aux 工具包是一个 OpenGL 工具包，这个工具包是 VisualStudio 自带的，不必另外安装。利用 aux 设置颜色表的代码如下：

```
#include<windows.h>
#include<GL/gl.h>
#include<GL/glaux.h>
#pragmacomment( lib,"opengl32.lib" )
#pragmacomment( lib,"glaux.lib" )
#include<math.h>
```

```
constGLdoublePi=3.1415926536;
voidmyDisplay( void )
{
inti;
for( i=0;i<8;++i )
auxSetOneColor( i,( float ) ( i&0x04 ),( float ) ( i&0x02 ),( float ) ( i&0x01 ));
glShadeModel( GL_FLAT );
glClear( GL_COLOR_BUFFER_BIT );
glBegin( GL_TRIANGLE_FAN );
glVertex2f( 0.0f,0.0f );
for( i=0;i<=8;++i )
{
glIndexi( i );
glVertex2f( cos( i*Pi/4 ),sin( i*Pi/4 ));
}
glEnd( );
glFlush( );
}
int main( void )
{
auxInitDisplayMode( AUX_SINGLE|AUX_INDEX );
auxInitPosition( 0,0,400,400 );
auxInitWindow( L"" );
myDisplay( );
Sleep( 10*1000 );
return0;
}
```

下面我们对上述代码中的 myDisplay 函数进行介绍。auxSetOneColor 是用来设置颜色表中的一格的，循环八次就可以设置八格；glShadeModel 的作用是设置着色模式，这个会在后面详细介绍；glVertex 是用来设置顶点的，同时用 glIndexi 改变顶点代表的颜色。这样，我们最终得到的效果是八个相同形状、不同颜色的三角形。

索引颜色的主要优势是占用空间小（每个像素不必单独保存自己的颜色，只用很少的二进制位就可以代表其颜色在颜色表中的位置）、花费系统资源少、图形运算速度快。但用它编程稍稍显得不那么方便，并且画面效果也比 RGBA 颜色差一些。

目前的 PC 机性能已经足够在各种场合下使用 RGBA 颜色，因此 PC 程序开发中，使用索引颜色已经不是主流。当然，在一些小型设备例如 GBA、手机等中，索引颜色还是有它的用武之地的。

3. 指定清除屏幕用的颜色

代码“glClear(GL_COLOR_BUFFER_BIT)”的意思是把屏幕上的颜色清空。

但实际上什么才叫“空”呢？在宇宙中，黑色代表了“空”；在一张白纸上，白色代表了“空”；在信封上，信封的颜色才是“空”。

OpenGL 用下面的函数来定义清除屏幕后屏幕所拥有的颜色。

在 RGBA 模式下，使用 glClearColor 来指定“空”的颜色，它需要四个参数，其参数的意义跟 glColor4f 相似。在索引颜色模式下，使用 glClearIndex 来指定“空”的颜色所在的索引，它需要一个参数，其意义跟 glIndexi 相似。例如：

```
voidmyDisplay( void )
{
glClearColor( 1.0f,0.0f,0.0f,0.0f );
glClear( GL_COLOR_BUFFER_BIT );
glFlush( );
}
```

4. 指定着色模型

OpenGL 允许为同一多边形的不同顶点指定不同的颜色。例如：

```
#include<math.h>
constGLdoublePi=3.1415926536;
voidmyDisplay( void )
{
inti;
//glShadeModel( GL_FLAT );
glClear( GL_COLOR_BUFFER_BIT );
glBegin( GL_TRIANGLE_FAN );
glColor3f( 1.0f,1.0f,1.0f );
glVertex2f( 0.0f,0.0f );
for( i=0;i<=8;++i )
{
glColor3f( i&0x04,i&0x02,i&0x01 );
glVertex2f( cos( i*Pi/4 ),sin( i*Pi/4 ) );
```

```
    }
    glEnd( );
    glFlush( );
}
```

在默认情况下，OpenGL 会计算两点顶点之间的其他点，并为它们填上“合适”的颜色，使相邻的点的颜色值都比较接近。如果使用的是 RGBA 模式，看起来就具有渐变的效果。如果使用的是颜色索引模式，则其相邻点的索引值是接近的，如果将颜色表中接近的项设置成接近的颜色，则看起来也是渐变的效果。但如果颜色表中接近的项的颜色差距很大，则会形成很奇怪的视觉效果。

使用 glShadeModel 函数可以关闭这种计算，如果顶点的颜色不同，则将顶点之间的其他点全部设置为与某一个点相同（直线以后指定的点的颜色为准，而多边形将以任意顶点的颜色为准，由实现决定）。为了避免这个不确定性，尽量在多边形中使用同一种颜色。glShadeModel 的使用方法如下：

```
glShadeModel( GL_SMOOTH );// 平滑方式，这也是默认方式
glShadeModel( GL_FLAT );// 单色方式
```

第 4 章　UI 的开发

4.1　常用控件

4.1.1 UI 组件的层次结构

UI 组件都是 View 的子类，View 有很多子类，它们之间存在树状的继承关系，如图 4–1 ～图 4–4 所示。

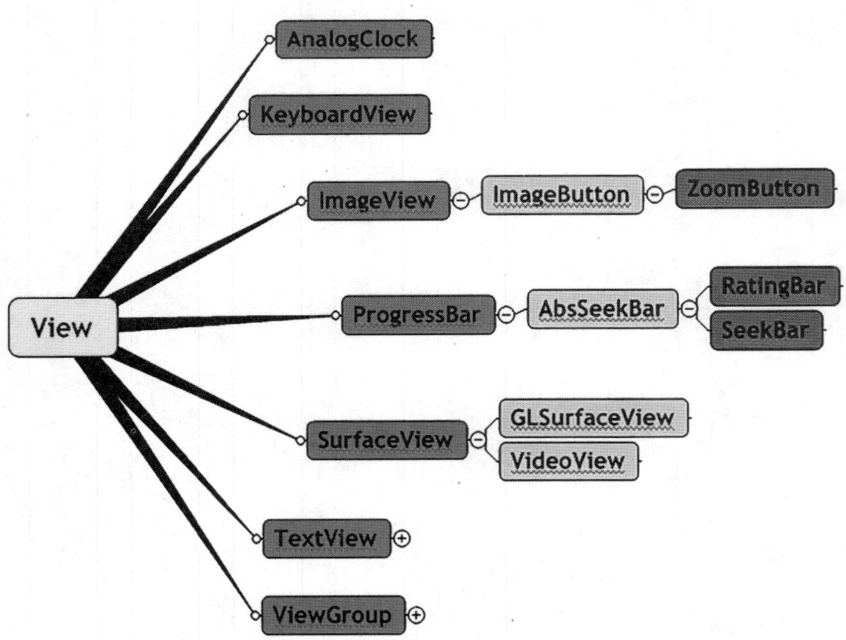

图 4–1　View 及其子类结构图

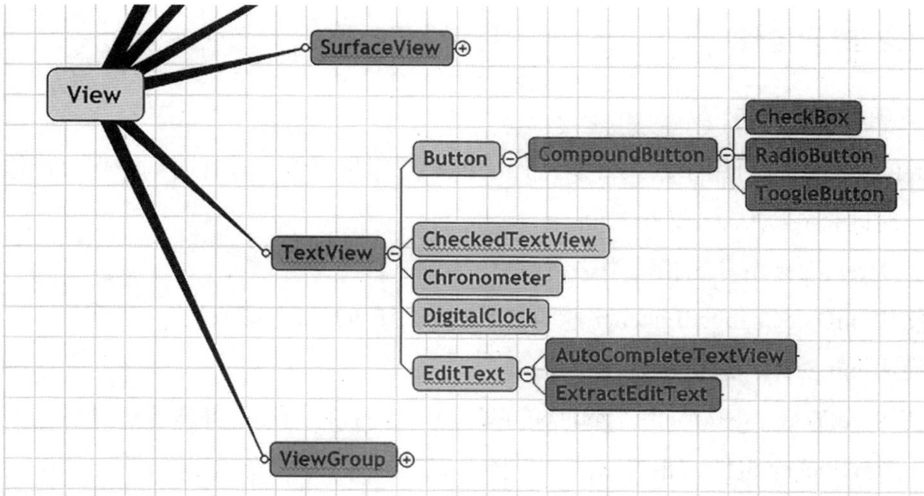

图 4-2　TextView 及其子类结构图

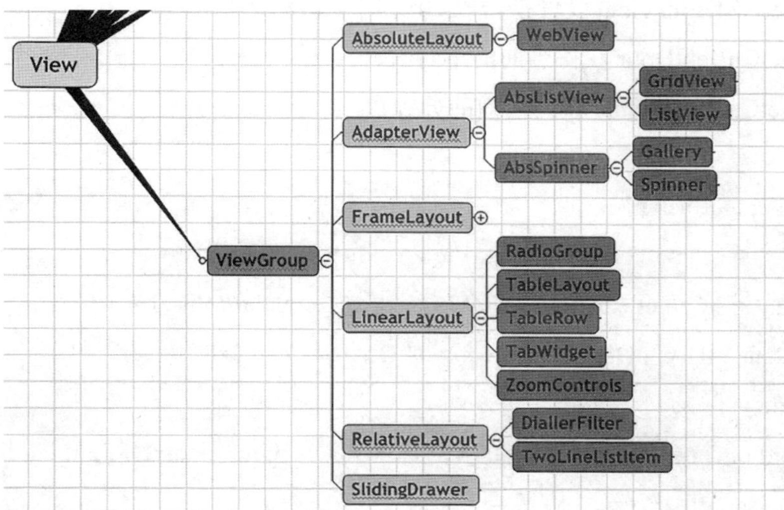

图 4-3　ViewGroup 及其子类结构图

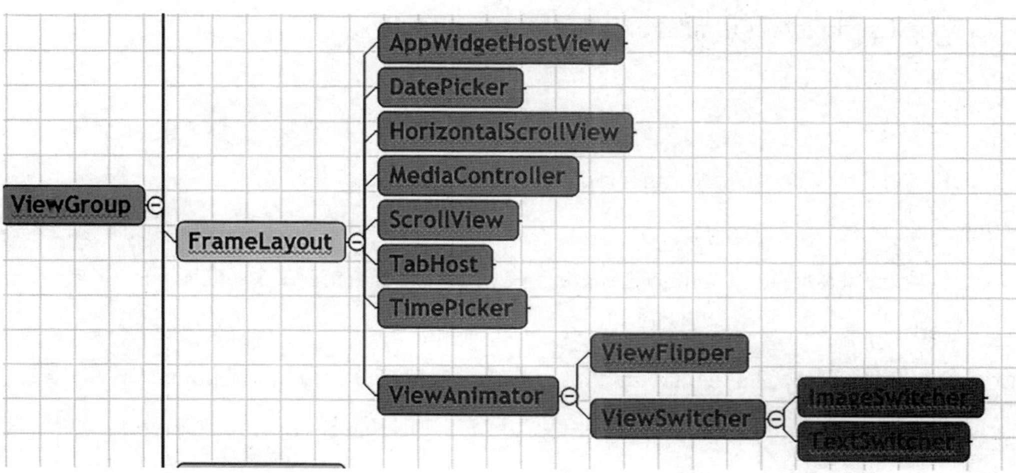

图 4-4　FrameLayout 及其子类结构图

4.1.2 时间控件

1. 日期时间选择器

DatePicker 组件可用于输入日期，TimePicker 组件可用来选择时间，但只能输入小时和分钟，时间格式默认为 12 小时制。

（1）DatePicker 组件的相关用法：

①使用 onDateChangedListener 监听器来获取用户的日期选择；

②使用 init 对组件进行初始化；

③使用 getYear、getMonth、getDayOfMonth 方法获得用户选择的年、月、日。

（2）TimePicker 组件的相关用法：

①使用 onTimeChangedListener 监听器获取用户的时间选择；

②使用 setIs24HourView 设置是否以 24 小时制显示；

③使用 getCurrentHour 获得当前的小时数；

④使用 getCurrentMinute 获得当前的分钟数。

示例：

```
c = Calendar.getInstance( );
datePicker1 =( DatePicker )this.findViewById( R.id.datePicker1 );
datePicker1.init( c.get( Calendar.YEAR ), c.get( Calendar.MONTH ),
c.get( Calendar.DAY_OF_MONTH ), new OnDateChangedListener( ){
@Override
public void onDateChanged( DatePicker view, int year, int monthOfYear, int dayOfMonth ){
c.set( year, monthOfYear, dayOfMonth );
SimpleDateFormat sdf = new SimpleDateFormat( "yyyy-MM-dd HH:mm" );
textView1.setText( sdf.format( c.getTime( )));
}
});
timePicker1 =( TimePicker )this.findViewById( R.id.timePiacker1 );
timePicker1.setIs24HourView( true );
timePicker1.setOnTimeChangedListener( new OnTimeChangedListener( ){
@Override
public void onTimeChanged( TimePicker view, int hourOfDay, int minute ){
c.set( c.get( Calendar.YEAR ), c.get( Calendar.MONTH ), c.get( Calendar.DAY_OF_
MONTH ), hourOfDay, minute );
SimpleDateFormat sdf = new SimpleDateFormat( "yyyy-MM-dd HH:mm" );
```

```
textView1.setText( sdf.format( c.getTime( )));
}
});
```

示例的实现结果如图 4-5 所示。

图 4-5　日期时间选择器实现结果

2. 时钟组件

AnalogClock 组件用来以表盘的方式显示当前时间，该表只有时针和分针。DigitalClock 组件以数字的方式显示当前时间可以显示时分秒，由于 DigitalClock 继承自 TextView，可以使用 TextView 的属性。示例：

```
<LinearLayout xmlns:android="http://schemas.android.com/apk/res/android"
android:orientation="vertical" android:layout_width="fill_parent"
android:layout_height="fill_parent"
android:gravity="center_horizontal">
<TextView android:layout_width="fill_parent"
android:layout_height="wrap_content" android:text=" 时钟组件 " />
<AnalogClock android:layout_width="fill_parent"
android:layout_height="wrap_content"></AnalogClock>
<DigitalClock android:layout_width="wrap_content"
android:layout_height="wrap_content" android:textSize="20dp">
</DigitalClock>
</LinearLayout>
```

示例的实现结果如图 4-6 所示。

图 4-6　时钟组件实现结果

3. 计时器组件

Chronometer 和 DigitalClock 都继承自 TextView，但 Chronometer 不显示时间，它显示的是从某个起始时间开始，一共过去了多少时间。默认情况下只能输出 MM:SS 或 H:MM:SS 的时间格式。

（1）重要属性。

android:format 用来定义时间的格式，如 hh:mm:ss。

（2）重要方法。

① setBase(long base) 用来设置倒计时起始时间。

②参数为 SystemClock.elapsedRealtime( ) 方法返回的值为当前时刻。

③ setFormat(String format) 用来设置显示时间的格式。

④ start( )：开始计时。

⑤ stop( ): 停止计时。

⑥ setOnChronometerTickListener(Chronometer.OnChronometerTickListene r listener)：当计时器改变时调用。

示例：

```
<?xml version="1.0" encoding="utf-8"?>
<LinearLayout xmlns:android="http://schemas.android.com/apk/res/android"
android:orientation="vertical" android:layout_width="fill_parent"
android:layout_height="fill_parent">
<Chronometer android:id="@+id/chronometer"
android:layout_width="wrap_content"
android:layout_height="wrap_content" />
<LinearLayout android:layout_width="wrap_content"
android:layout_height="wrap_content">
```

```
<Button android:onClick="onStart" android:text=" 开始计时 "
android:layout_width="wrap_content"
android:layout_height="wrap_content" />
<Button android:onClick="onStop" android:text=" 停止计时 "
android:layout_width="wrap_content"
android:layout_height="wrap_content" />
<Button android:onClick="onReset" android:text=" 重置 "
android:layout_width="wrap_content"
android:layout_height="wrap_content" />
</LinearLayout>
</LinearLayout>
chronometer = ( Chronometer ) findViewById( R.id.chronometer );
chronometer.setFormat( " 计时：%s" );
chronometer.setOnChronometerTickListener( new
OnChronometerTickListener( ) {
@Override
public void onChronometerTick( Chronometer chronometer )
{
String time = chronometer.getText( ).toString( ); System.out.println( "---time-::" +
time );
Log.v( "ChronometerDemo1", time );
}
} );
public void onStart( View view ) {
chronometer.start( );
}
public void onStop( View view ) {
chronometer.stop( );
}
public void onReset( View view ) {
chronometer.setBase( SystemClock.elapsedRealtime( ) );
}
```

示例的实现结果如图 4-7 所示。

图 4-7　计时器组件的实现结果

4.1.3 进度类组件

1. 进度条组件

当一个应用在后台执行时，前台界面就不会有什么信息，这时用户根本不知道程序是否在执行、执行进度如何、应用程序是否遇到错误终止等，这时需要使用进度条来提示用户后台程序执行的进度。

Android 系统提供了两大类进度条样式，即长形进度条和圆形进度条，其中圆形进度条又分大中小三种。

（1）默认普通圆形 ProgressBar 的设置代码：

```
<ProgressBar android:id="@+id/pbar1"
android:layout_width="wrap_content"
android:layout_height="wrap_content"
android:layout_gravity="center_vertical" />
```

（2）大号圆形 ProgressBar 的设置代码：

```
<ProgressBar android:id="@+id/pbar2"
android:layout_width="wrap_content"
android:layout_height="wrap_content"
style="?android:attr/progressBarStyleLarge" />
```

（3）小号圆形 ProgressBar 的设置代码：

```
<ProgressBar android:id="@+id/pbar3"
android:layout_width="wrap_content"
android:layout_height="wrap_content"
style="?android:attr/progressBarStyleSmall" />
```

示例实现结果如图 4-8 所示。

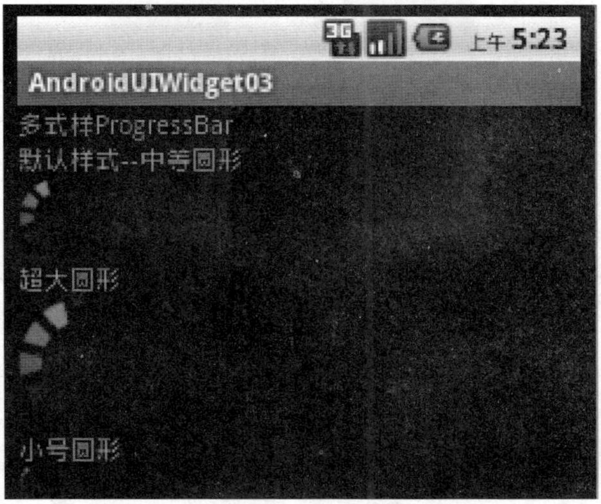

图 4-8 进度条实现结果

2. 标题进度条

进度条除了可以显示在 Activity 中外，还可以显示在标题中。示例：

```
// 设置标题不确定性进度条风格
requestWindowFeature( Window.FEATURE_INDETERMINATE_PROGRESS );
setContentView( R.layout.main );
// 显示标题不确定性进度条
setProgressBarIndeterminateVisibility( true );
// 关闭标题不确定性进度条
//setProgressBarIndeterminateVisibility( false );
// 设置标题进度条风格
requestWindowFeature( Window.FEATURE_PROGRESS );
setContentView( R.layout.main );
// 显示标题进度
setProgressBarVisibility( true );
// 设置标题当前进度值为 5000( 标题进度最大值默认为 10000 )
setProgress( 5000 );
// 关闭标题进度
//setProgressBarVisibility( false );
```

示例的实现结果如图 4–9 所示。

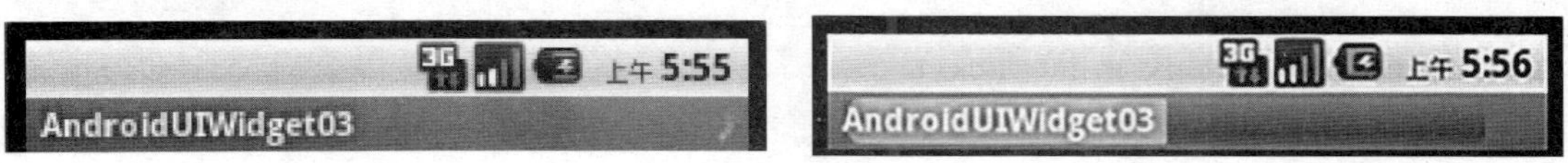

图 4–9 标题进度条

3. 可拖动的进度条组件

SeekBar 控件其实就是一个高级点的进度条，和播放器上的进度条一样，是可以拖动或者改变进度的一个进度条控件。SeekBar 是 ProgressBar 的子类，这个组件不需要设置 sencondaryProgress 属性。

我们可以调用 SeekBar 的 OnSeekBarChangeListener 处理组件事件，有以下三种方法。

① public void onStartTrackingTouch(SeekBar seekBar)：开始拖动时触发。

② public void onProgressChanged(SeekBar seekBar, int progress, boolean fromUser)：进度改变时触发。

③ public void onStopTrackingTouch(SeekBar seekBar)：停止拖动时触发。

示例：

```
<SeekBar android:id="@+id/seekbar" android:layout_width="fill_parent" android:layout_height="wrap_content" android:max="100" android:progress="60">
</SeekBar>
seekBar =( SeekBar )findViewById( R.id.seekbar );
//seekBar.setMax( 200 );
seekBar.setOnSeekBarChangeListener( new OnSeekBarChangeListener( ) {
@Override
public void onStopTrackingTouch( SeekBar seekBar ) {
textView.setText( " 停止跟踪触摸 " );
}
@Override
public void onStartTrackingTouch( SeekBar seekBar ) {
textView.setText( " 开始跟踪触摸 " );
}
@Override
public void onProgressChanged( SeekBar seekBar, int progress,
boolean fromUser ) {
int i= seekBar.getProgress( );
textView.setText( " 当前进度："+i+"%" );
}
} );
```

示例的实现结果如图 4–10 所示。

图 4–10　可拖动的进度条

4. 界面评分组件

RatingBar 是 SeekBar 和 ProgressBar 的扩展，表现形式为用星星来评级，如网上购物、对商家的产品和服务进行打分等。

（1）常用属性。

① android:numStarts：用于评分的五角星数量。

② android:rating：当前的分数。

③ android:stepSize 分数的增长单位，默认是 0.5。

（2）用事件接口 OnRatingBarChangeListener 处理组件事件：

```
public void onRatingChanged( RatingBar ratingBar, float rating, boolean fromUser );
```

示例：

```
<RatingBar android:id="@+id/ratingbar1"
android:layout_width="wrap_content" android:layout_height="wrap_content" android:numStars="3" android:rating="2.5" />
<RatingBar android:id="@+id/ratingbar2"
android:layout_width="wrap_content" android:layout_height="wrap_content" android:numStars="5" android:rating="2.25" />
public class RatingBarDemo1 extends Activity implements
OnRatingBarChangeListener { TextView mRatingText;
@Override
public void onCreate( Bundle savedInstanceState ) {
super.onCreate( savedInstanceState );
setContentView( R.layout.ratingbardemo1 );
mRatingText = ( TextView ) findViewById( R.id.rating );
RatingBar ratingbar1 = ( RatingBar ) findViewById( R.id.ratingbar1 ); RatingBar ratingbar2 = ( RatingBar ) findViewById( R.id.ratingbar2 ); ratingbar1.setOnRatingBarChangeListener ( this ) ratingbar2.setOnRatingBarChangeListener( this );
```

```
}
@Override
public void onRatingChanged( RatingBar ratingBar, float rating,
boolean fromUser ) {
final int numStars = ratingBar.getNumStars( );
mRatingText.setText( " 受欢迎度 " + rating + "/" + numStars );
}
```

示例的实现结果如图 4-11 所示。

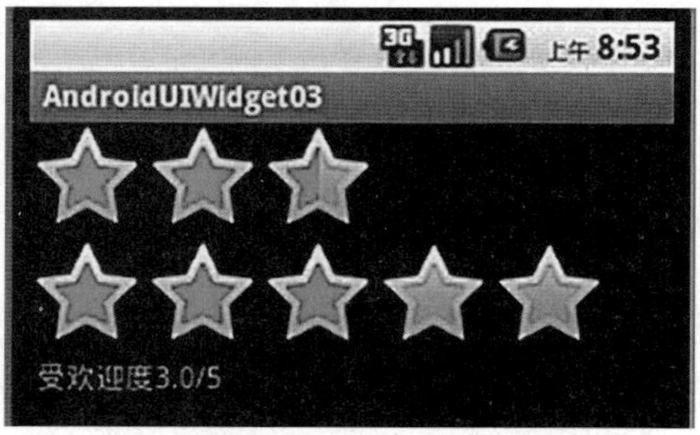

图 4-11　界面评分

（3）属性 Style。用于为 RatingBar 设置不同的风格，一旦设置了 style，就不可点击改变值。

示例：

```
<RatingBar android:id="@+id/ratingbar1"
android:layout_width="wrap_content" android:layout_height="wrap_content"
android:numStars="3" android:rating="2.5" style="?android:attr/ratingBarStyleSmall"/>
<RatingBar android:id="@+id/ratingbar2"
android:layout_width="wrap_content" android:layout_height="wrap_content"
android:numStars="5" android:rating="2.25"
style="?android:attr/ratingBarStyleIndicator"/>
```

示例的实现结果如图 4-12 所示。

图 4-12　评分界面风格的设置

4.1.4 滚动视图

当一个屏幕因为要显示的内容太多而显示不全时，我们可以使用滚动视图来解决这个问题。ScrollView 可以用来实现垂直滚动的视图，当内容组件的高度超过屏幕的高度时，就会在屏幕的右侧出现一个垂直方向的滚动条，通过单击上下按钮或者上下拂动屏幕可以查看未显示部分。关于 ScrollView 有以下几点需要注意。

（1）在 ScrollView 标签中只能包含一个组件。

（2）在 ScrollView 标签中包含一个 LinearLayout 标签，并设置盖标签的 android:orientation 属性为 vertical。

（3）在 LinearLayout 中放置需要显示的组件。

示例：

```
<?xml version="1.0" encoding="utf-8"?>
<LinearLayout xmlns:android="http://schemas.android.com/apk/res/android" android:
orientation="vertical" android:layout_width="fill_parent" android:layout_height="fill_parent">
<TextView android:layout_width="fill_parent"
android:layout_height="wrap_content" android:text="ScrollView 演示 " />
<ScrollView android:id="@+id/ScrollView01"
android:layout_width="fill_parent"
android:layout_height="fill_parent">
<LinearLayout android:orientation="vertical"
android:layout_width="fill_parent"
android:layout_height="fill_parent">
<TextView android:layout_width="300dp" android:layout_height="300dp" android:
background="#00ff00" android:text="1"></TextView>
<TextView android:layout_width="240dp" android:layout_height="240dp" android:
background="#0000ff" android:text="2"></TextView>
<TextView android:layout_width="180dp"
android:layout_height="180dp" android:background="#ff0000"
android:text="3"></TextView>
</LinearLayout>
</ScrollView>
</LinearLayout>
```

ScrollView 只能用来实现垂直滚动的视图，如果要实现水平滚动，就需要使用水平滚动视图 HorizontalScrollView。

示例：

```
<ScrollView android:id="@+id/ScrollView01"
android:layout_width="fill_parent"
android:layout_height="fill_parent">
<LinearLayout android:orientation="vertical"
android:layout_width="fill_parent"
android:layout_height="fill_parent">
<HorizontalScrollView android:layout_width="fill_parent"
android:layout_height="wrap_content">
<TextView android:layout_width="300dp"
android:layout_height="300dp"
android:background="#00ff00"
android:textSize="30dp" android:text=" 滚动视图滚动视图滚动视图滚动视图滚动视图
滚动视图 "></TextView>
</HorizontalScrollView>
<TextView android:layout_width="240dp" android:layout_height="240dp" android:
background="#0000ff" android:text="2"></TextView>
<TextView android:layout_width="180dp" android:layout_height="180dp" android:
background="#ff0000" android:text="3"></TextView>
</LinearLayout>
</ScrollView>
```

图 4-13　滚动视图

4.1.5 选项卡组件

当一个屏幕因为要显示的内容太多而显示不全时，除了使用滚动视图外，还可以使用选项卡组件，选项卡 TabHost 类似于 android 系统默认的电话薄界面，如图 4-14 所示。

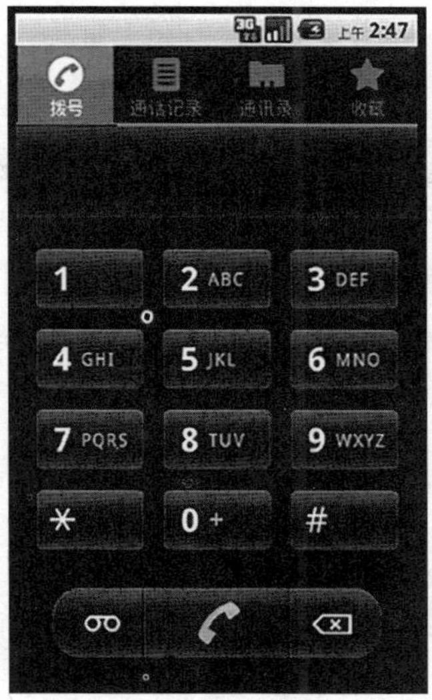

图 4-14 电话簿界面

选项卡可以方便地在窗口上放置多个标签页，每个标签页相当于获得了一个与外部容器相同大小的组件摆放区域。选项卡是由多个 Tab 组成的，其中每个 Tab 都可以显示一个 View 或一个 Activity。

1.TabHosh 使用步骤

使用步骤具体如下：

（1）在界面中定义 TabHost 组件，并为该组件定义该选项卡的内容组件，为内容组件定义 id，这些内容组件将要作为某个 Tab 选项的视图；

（2）定义一个继承 TabActivity 的 Activity；

（3）通过调用 TabActivity 的 getHost 方法获得 TabHost 对象；

（4）通过 TabHost 的相关方法来创建和添加选项卡。

2.TabHosh 常用组件

（1）newTabSpec(String tag) 创建选项卡。

（2）addTab(TabHost.TabSpec tabSpec) 添加选项卡。

（3）每个 Tab 在切换的时候会产生一个事件，我们通过 OnTabChangedListener 监听事件。

示例 1：

```
<?xml version="1.0" encoding="utf-8"?>
<TabHost xmlns:android="http://schemas.android.com/apk/res/android" android:id="@+id/tabhost" android:layout_width="fill_parent" android:layout_height="fill_parent">
<TextView android:id="@+id/textview1"
android:layout_width="fill_parent"
android:layout_height="fill_parent" android:text="this is a tab" />
```

```
<TextView android:id="@+id/textview2"
android:layout_width="fill_parent"
android:layout_height="fill_parent" android:text="this is another tab" />
<TextView android:id="@+id/textview3"
android:layout_width="fill_parent"
android:layout_height="fill_parent" android:text="this is a third tab" />
</TabHost>
protected void onCreate( Bundle savedInstanceState ) {
super.onCreate( savedInstanceState );
// setContentView( R.layout.tabdemo0 );
// 取得 TabHost 对象 mTabHost = getTabHost( ); getLayoutInflater( ).inflate( R.layout.tabdemo0,
mTabHost.getTabContentView( ), true );
// 新建一个 newTabSpec( newTabSpec )
// 设置其标签和图标（setIndicator）
// 设置内容（setContent）
// 创建一个和当前 TabHost 关联的 TabSpec
TabSpec spec1 = mTabHost.newTabSpec( "tab_test1" );
// 指定标签和图标作为当前 Tab 的指示符
spec1.setIndicator( "TAB 1", getResources( ).getDrawable( R.drawable.icon_1 ));
// 设置当前 Tab 的内容
spec1.setContent( R.id.textview1 );
// 将当前 Tab 添加到 TabHost 中
mTabHost.addTab( spec1 );
mTabHost.addTab( mTabHost.newTabSpec( "tab_test2" )
.setIndicator( "TAB 2", getResources( ).getDrawable( R.drawable.icon_2 ))
// 设置 TabHost 的背景颜色
mTabHost.setBackgroundColor( Color.argb( 150, 22, 70, 150 ));
// 设置当前显示哪一个标签
mTabHost.setCurrentTab( 0 );
// 标签切换事件处理
setOnTabChangedListener mTabHost.setOnTabChangedListener( new OnTabChange
Listener( ) {
// TODO Auto-generated method stub
@Override
```

```
public void onTabChanged( String tabId ) { Toast.makeText( getApplicationContext( ), " 当前选中 : " + tabId+ " 标签 ",
Toast.LENGTH_SHORT ).show( );
    }
    } );
```

示例 1 的实现结果如图 4-15 所示。

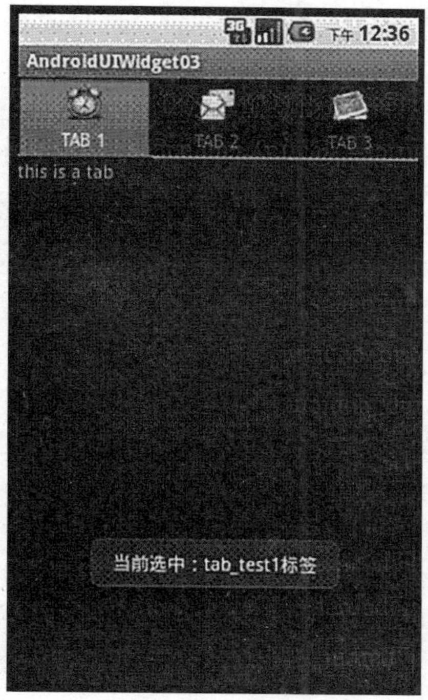

图 4-15　选项卡

示例 2：

```
<?xml version="1.0" encoding="utf-8"?>
<TabHost xmlns:android="http://schemas.android.com/apk/res/android" android:id="@android:id/tabhost" android:layout_width="fill_parent" android:layout_height="fill_parent">
<LinearLayout android:orientation="vertical"
android:layout_width="fill_parent"
android:layout_height="fill_parent">
<TabWidget android:id="@android:id/tabs"
android:layout_width="fill_parent"
android:layout_height="wrap_content" />
<FrameLayout android:id="@android:id/tabcontent"
android:layout_width="fill_parent"
android:layout_height="fill_parent">
```

```
<TextView android:id="@+id/textview1"
android:layout_width="fill_parent"
android:layout_height="fill_parent" android:text="this is a tab" />
<TextView android:id="@+id/textview2"
android:layout_width="fill_parent"
android:layout_height="fill_parent" android:text="this is another tab" />
<TextView android:id="@+id/textview3"
android:layout_width="fill_parent"
android:layout_height="fill_parent" android:text="this is a third tab" />
</FrameLayout>
</LinearLayout>
</TabHost>
@Override
protected void onCreate( Bundle savedInstanceState ) {
super.onCreate( savedInstanceState );
setContentView( R.layout.tabdemo1 );
if (savedInstanceState == null) {
        getSupportFragmentManager( ).beginTransaction( )
                .add(R.id.container, new PlaceholderFragment( ))
                .commit( );
   }
 }
// 取得 TabHost 对象
mTabHost = getTabHost( );
mTabHost.addTab( mTabHost
.newTabSpec( "tab_test1" )
.setIndicator( "TAB 1", getResources( ).getDrawable( R.drawable.icon_1 ))
.setContent( R.id.textview1 ));
```

示例 3：Tab 底部显示

与上个案例的区别是 android:id="@android:id/tabcontent 的 FrameLayout 与 android:id="@android:id/tabs"TabWidget 互换位置。

```
<?xml version="1.0" encoding="utf-8"?>
<TabHost xmlns:android="http://schemas.android.com/apk/res/android" android:id="@android:id/tabhost" android:layout_width="fill_parent" android:layout_height="fill_parent">
```

```
<LinearLayout android:orientation="vertical"
android:layout_width="fill_parent"
android:layout_height="fill_parent">
<FrameLayout android:id="@android:id/tabcontent"
android:layout_width="fill_parent"
android:layout_height="fill_parent"
android:layout_weight="1">
android:layout_height="50dip"
android:background="#ffff0000"
android:text="TextView1"/>
android:id="@+id/textView2"
android:layout_width="match_parent"
</FrameLayout>
<TabWidget android:id="@android:id/tabs"
android:layout_width="fill_parent"
android:layout_height="wrap_content"
android:tabStripEnabled="false"/>
</LinearLayout>
</TabHost>
```

示例 3 实现结果如图 4-16 所示。

图 4-16　Tab 底部显示

4.2 Android 布局管理器

Android 中的布局管理器包括线性布局、表格布局、相对布局、帧布局和绝对布局。下面将分别对主要布局管理器中的前两项进行详细介绍。

4.2.1 控件类概述

1. View 类简介

在介绍 Android 的布局管理器之前，有必要让读者了解 Android 平台下的控件类。首先要了解的是 View 类，该类为所有可视化控件的基类，主要提供了控件绘制和事件处理的方法。创建用户界面所使用的控件都继承自 View，如 TextView、Button、CheckBox 等。

关于 View 及其子类的相关属性，既可以在布局 XML 文件中进行设置，也可以通过成员方法在代码中动态设置。View 类常用的属性及其对应方法如表 4–1 所示。

表 4–1 View 类常用属性及对应方法说明

属性名称	对应方法	描述
android:background	setBackgroundResource(int)	设置背景
android:clickable	setClickable (boolean)	设置 View 是否响应点击事件
android:visibility	setVisibility (int)	控制 View 的可见性
android:focusable	setFocusable (boolean)	控制 View 是否可以获取焦点
android:id	setId (int)	为 View 设置标识符，可通过 find View ById 方法获取
android:longClickable	setLongClickable (boolean)	设置 View 是否响应长点击事件
android:soundEffectsEnabled	setSoundEffectsEnabled (boolean)	设置当 View 触发点击等事件时是否播放音效
android:saveEnabled	setSaveEnabled (boolean)	如果未设置，当 View 被冻结时将不会保存其状态

续　表

属性名称	对应方法	描述
android:nextFocusDown	setNextFocusDownId（int）	定义当向下搜索时应该获取焦点的 View，如果该 View 不存在或不可见，则会抛出 RuntimeException 异常
android:nextFocusLeft	setNextFocusLeftId（int）	定义当向左搜索时应该获取焦点的 View
android:nextFocusRight	setNextFocusRightId（int）	定义当向右搜索时应该获取焦点的 View
android:nextFocusUp	setNextFocusUpId（int）	定义当向上搜索时应该获取焦点的 View，如果该 View 不存在或不可见，则会抛出 RuntimeException 异常

说明：任何继承自 View 的子类都将拥有 View 类的以上属性及对应方法。

2. ViewGroup 类简介

另外一个需要了解的是 ViewGroup 类，它也是 View 类的子类，但是可以充当其他控件的容器。ViewGroup 的子控件既可以是普通的 View，也可以是 ViewGroup，实际上，这是使用了 Composite 的设计模式。Android 中的一些高级控件如 Gallery、GridView 等都继承自 ViewGroup。

与 Java SE 不同，Android 中并没有设计布局管理器，而是为每种不同的布局提供了一个 ViewGroup 的子类，常用的布局及其类结构如图 4–1 所示。

```
java.lang.Object
  └── android.view.View
        └── android.view.ViewGroup
              ├── android.widget.RelativeLayout
              ├── android.widget.AbsoluteLayout
              ├── android.widget.FrameLayout
              └── android.widget.LinearLayout
                    └── android.widget.TableLayout
```

图 4–17　布局管理器的类结构

4.2.2　线性布局

线性布局是最简单的布局之一，它提供了控件水平或者垂直排列的模型。同时，使用此布局时可以通过设置控件的 weight 参数控制各个控件在容器中的相对大小。LinearLayout 布局的属性既可以在布局文件（XML）中设置，也可以通过成员方法进行设置。表 4–2 给出了 LinearLayout 常用的属性及这些属性的对应设置方法。

表 4-2 LinearLayout 常用属性及对应方法

属性名称	对应方法	描述
android:orientation	setOrientation（int）	设置线性布局的朝向，可取 horizontal 和 vertical 两种排列方式
android:gravity	setGravity（int）	设置线性布局的内部元素的布局方式

在线性布局中可使用 gravity 属性来设置控件的对齐方式，gravity 可取的值及说明如表 4-3 所示。

表 4-3 gravity 可取的属性及说明

属 性 值	说明
top	不改变控件大小，对齐到容器顶部
bottom	不改变控件大小，对齐到容器底部
left	不改变控件大小，对齐到容器左侧
right	不改变控件大小，对齐到容器右侧
center_vertical	不改变控件大小，对齐到容器纵向中央位置
center-horizontal	不改变控件大小，对齐到容器横向中央位置
center	不改变控件大小，对齐到容器中央位置
fill_vertical	若有可能，纵向拉伸以填满容器
fill_horizontal	若有可能，横向拉伸以填满容器
fill	若有可能，纵向横向同时拉伸以填满容器

提示：当需要为 gravity 设置多个值时，用“|”分隔即可。

4.2.3 表格布局

TableLayout 类以行和列的形式管理控件，每行为一个 TableRow 对象，也可以为一个 View 对象，当为 View 对象时，该 View 对象将跨越该行的所有列。在 TableRow 中可以添加子控件，每添加一个子控件为一列。

TableLayout 布局中并不会为每一行、每一列或每个单元格绘制边框，每一行可以有零或多个单元格，每个单元格为一个 View 对象。TableLayout 中可以有空的单元格，单元格也可以像 HTML 中那样跨越多个列。

在表格布局中，一个列的宽度由该列中最宽的那个单元格指定，而表格的宽度是由父容器指定的。在 TableLayout 中，可以为列设置三种属性。

（1）Shrinkable，如果一个列被标识为 Shrinkable，则该列的宽度可以进行收缩，以使表格能够适应其父容器的大小。

（2）Stretchable，如果一个列被标识为 Stretchable，则该列的宽度可以进行拉伸，以填满表格中空闲的空间。

（3）Collapsed，如果一个列被标识为 Collapsed，则该列将会被隐藏。

另外，一个列可以同时具有 Shrinkable 和 Stretchable 属性，在这种情况下，该列的宽度将任意拉伸或收缩以适应父容器。

TableLayout 继承自 LinearLayout 类，除了继承来自父类的属性和方法，TableLayout 类中还包含表格布局所特有的属性和方法。这些属性和方法说明如表 4–4 所示。

表 4–4 TableLayout 类常用属性及对应方法说明

属性名称	对应方法	描述
android:collapseColumns	setColumnCollapsed（int,boolean）	设置指定列号的列为 Collapsed，列号从 0 开始计算
android:shrinkColumns	setShrinkAllColumns（boolean）	设置指定列号的列为 Shrinkable，列号从 0 开始计算
android:stretchColumns	setStretchAllColumns（boolean）	设置指定列号的列为 Stretchable，列号从 0 开始计算

说明：setShrinkAllColumns 和 setStretchAllColumns 实现的功能是将表格中的所有列设置为 Shrinkable 或 Stretchable。

4.3　Spinner 与 ListView

4.3.1 Spinner 概述

Spinner 提供了从一个数据集合中快速选择一项值的办法。默认情况下 Spinner 显示的是当前选择的值，点击 Spinner 会弹出一个包含所有可选值的下拉菜单，从该菜单中可以为 Spinner 选择一个新值。图 4–18 显示的是 Spinner 常见的样式。

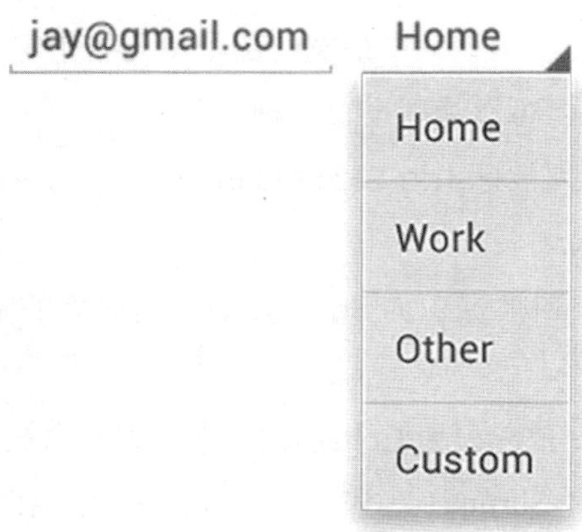

图 4-18　Spinner 常见样式

在布局文件中添加 Spinner 控件的代码如下：

```
<LinearLayout
android:layout_width="fill_parent"
android:layout_height="fill_parent"
android:orientation="vertical">
<Spinner
android:id="@+id/spinner1"
android:layout_width="wrap_content"
android:layout_height="wrap_content"
android:entries="@array/languages"
./>
</LinearLayout>
```

上述代码中的 android:entries="@array/languages" 表示 Spinner 的数据集合是从资源数组 languages 中获取的。languages 数组资源定义在 values/arrays.xml 中的操作代码如下：

```
<?xmlversion="1.0"encoding="utf-8"?>
<resources>
<string-arrayname="languages">
<item>c 语言 </item>
<item>java</item>
<item>php</item>
<item>xml</item>
<item>html</item>
</string-array>
```

```
</resources>
```

如果你不需要对 Spinner 的选择事件做响应，那么一个完整的 Spinner 使用流程就结束了。

其运行结果如图 4-19 所示。

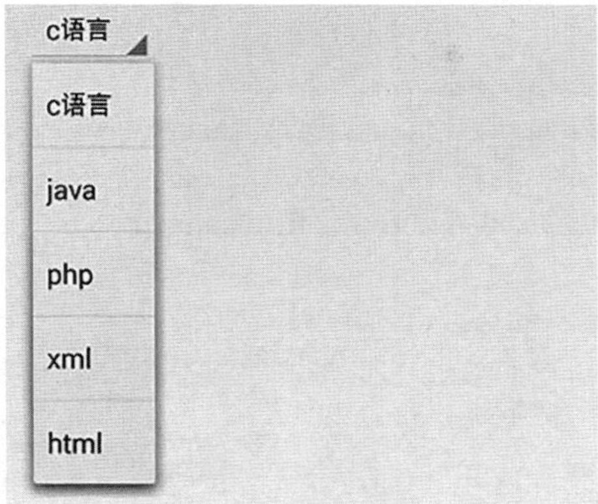

图 4-19　Spinner 实现结果

当然，一般情况下我们是需要响应 Spinner 选择事件的，这时我们就可以通过 OnItemSelected Listener 的回调方法实现。示例：

```
public class MainActivity extends Activity{
@Override
protected void onCreate( Bundle savedInstanceState ){
super.onCreate( savedInstanceState );
setContentView( R.layout.activity_main );
Spinner spinner=( Spinner )findViewById( R.id.spinner1 );
spinner.setOnItemSelectedListener( newOnItemSelectedListener( ){
@Override
public void onItemSelected( AdapterView<?>parent,Viewview,intpos,longid ){
String[]languages=getResources( ).getStringArray( R.array.languages );
Toast.makeText( MainActivity.this," 你点击的是 :"+languages[pos],2000 ).show( );
}
@Override
public void onNothingSelected( AdapterView<?>parent ){
//Another interface callback
}
} );
}
```

```
}
```

4.3.2 设置 Spinner 的 Adapter

上面使用的 Spinner 数据源于 xml 数组，其实用的最多的还是通过 Adapter 来跟 Spinner 绑定数据。

1. 使用 ArrayAdapter

```
//初始化控件
Spinner spinner=( Spinner )findViewById( R.id.spinner1 );
//建立数据源
String[]mItems=getResources( ).getStringArray( R.array.languages );
//建立 Adapter 并且绑定数据源
ArrayAdapter<String>adapter=newArrayAdapter<String>( this,android.R.layout.simple_
spinner_item,mItems );
adapter.setDropDownViewResource( android.R.layout.simple_spinner_dropdown_item );
//绑定 Adapter 到控件
spinner.setAdapter( adapter );
spinner.setOnItemSelectedListener( newOnItemSelectedListener( ){
@Override
public void onItemSelected( AdapterView<?>parent,Viewview,
intpos,longid ){
String[]languages=getResources( ).getStringArray( R.array.languages );
Toast.makeText( MainActivity.this," 你点击的是 :"+languages[pos],2000 ).show( );
}
@Override
public void onNothingSelected( AdapterView<?>parent ){
//Another interface callback
}
});
```

这是 Spinner 的标准使用方法，其中，有两行代码可以决定 Spinner 的外观：

第一行：

```
ArrayAdapter<String>adapter=newArrayAdapter<String>( this,android.R.layout.simple_
spinner_item,mItems );
```

第二个参数是 Spinner 未展开菜单时 Spinner 的默认样式，android.R.layout.simple_spinner_item 是系统自带的内置布局。

第二行：

```
adapter.setDropDownViewResource( android.R.layout.simple_spinner_dropdown_item );
```

设置的是展开的时候下拉菜单的样式（注意和上面加以区别），同理 android.R.layout.simple_spinner_dropdown_item 也是内置布局。

如果不设置 adapter.setDropDownViewResource(android.R.layout.simple_spinner_dropdown_item) 会怎样呢？会造成未展开的 Sipnner 和展开的菜单都是一种布局样式。下面用运行截图来说明：

没有 adapter.setDropDownViewResource(android.R.layout.simple_spinner_dropdown_item) 运行结果如图 4-20 所示：

图 4-20　不设置的运行结果

有 setDropDownViewResource，运行结果如图 4-21 所示：

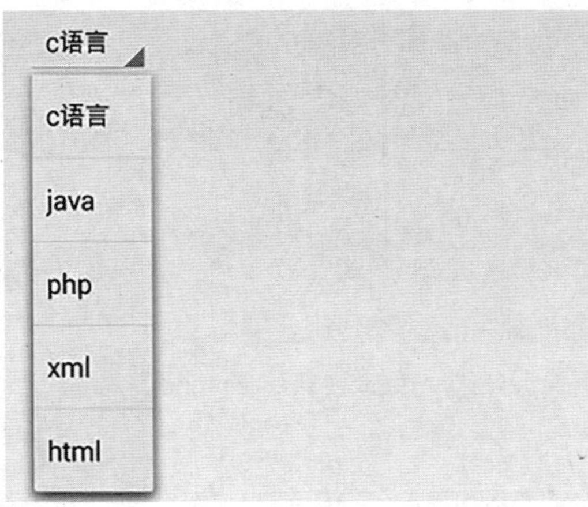

图 4-21　设置后的运行结果

你可能会很好奇，如果设置了 setDropDownViewResource 但是 setDropDownViewResource 的参数和 ArrayAdapter 的第二个布局参数（simple_spinner_item）一致的情况下会怎样。情况是和没有 setDropDownViewResource 是一样的，因为上面说了不设置 setDropDownViewResource Spinner 未展开和展开都是用的一样的布局。

其实 simple_spinner_item 和 simple_spinner_dropdown_item 两者的名字正好反映了它们的区别。一个应用于下拉，一个应用于 Spinner 本身。

2. 使用自定义的 BaseAdapter

这种情况适用于 Spinner 比较复杂的情况，比如带有图标。

下面我们定义一个选择联系人的 Spinner。示例：

```
<LinearLayout
android:layout_width="fill_parent"
android:layout_height="80dip"
android:orientation="vertical">
<Spinner
android:id="@+id/spinner2"
android:layout_width="wrap_content"
android:layout_height="wrap_content"
/>
</LinearLayout>
```

activity 中的代码如下：

```
// 初始化控件
Spinner spinner2=( Spinner )findViewById( R.id.spinner2 );
// 建立数据源
List<Person>persons=newArrayList<Person>( );
persons.add( newPerson( " 张三 "," 上海 " ));
persons.add( newPerson( " 李四 "," 上海 " ));
persons.add( newPerson( " 王五 "," 北京 " ));
persons.add( newPerson( " 赵六 "," 广州 " ));
// 建立 Adapter 绑定数据源
MyAdapter_MyAdapter=newMyAdapter( this,persons );
// 绑定 Adapter
spinner2.setAdapter( _MyAdapter );
```

Person.java 如下：

```
packagecom.example.spinnerdemo;
public class Person{
private String personName;
private String personAddress;
public Person( String personName,String personAddress ){
super( );
this.personName=personName;
```

```
this.personAddress=personAddress;
}
public String getPersonName( ){
return personName;
}
public void setPersonName( String personName ){
this.personName=personName;
}
public String getPersonAddress( ){
return personAddress;
}
public void setPersonAddress( String personAddress ){
this.personAddress=personAddress;
}
}
```

MyAdapter.java 如下：

```
packagecom.example.spinnerdemo;
import java.util.List;
import android.content.Context;
import android.view.LayoutInflater;
import android.view.View;
import android.view.ViewGroup;
import android.widget.BaseAdapter;
import android.widget.ImageView;
import android.widget.TextView;
/**
* 自定义适配器类
*@author jiangqq<ahref=http://blog.csdn.net/jiangqq781931404></a>
*
*/
public class MyAdapter extends BaseAdapter{
private List<Person>mList;
private Context mContext;
public MyAdapter( ContextpContext,List<Person>pList ){
```

```
this.mContext=pContext;
this.mList=pList;
}
@Override
public int getCount( ){
return mList.size( );
}
@Override
public Object getItem( intposition ){
return mList.get( position );
}
@Override
public long getItemId( intposition ){
return position;
}
/**
* 下面是重要代码
*/
@Override
public View getView( int position,ViewconvertView,ViewGroupparent ){
LayoutInflater_LayoutInflater=LayoutInflater.from( mContext );
convertView=_LayoutInflater.inflate( R.layout.item_custom,null );
if( convertView!=null ){
ImageView imageView=( ImageView )convertView.findViewById( R.id.image );
imageView.setImageResource( R.drawable.ic_launcher );
TextView_TextView1=( TextView )convertView.findViewById( R.id.textView1 );
TextView_TextView2=( TextView )convertView.findViewById( R.id.textView2 );
_TextView1.setText( mList.get( position ).getPersonName( ));
_TextView2.setText( mList.get( position ).getPersonAddress( ));
}
return convertView;
}
}
```

运行效果如图 4–22 所示。

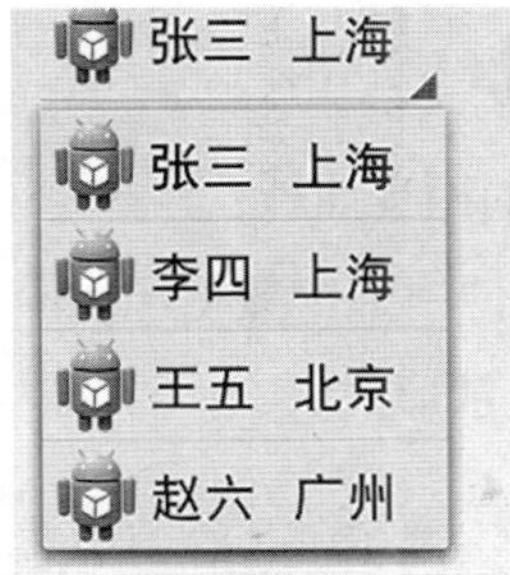

图 4-22　选择联系人的 Spinner

4.3.3 Spinner 的菜单显示方式

它有两种显示形式，一种是下拉菜单，一种是弹出框。菜单显示形式是 spinnerMode 属性决定的。示例：

```
android:spinnerMode="dropdown"
android:spinnerMode="dialog"
```

在 android2.3 上没有这个属性，系统默认将 Spinner 弹出菜单显示成 dialog。图 4-23 是 Theme.Light 和 Theme.Holo.Light 下 Spinner 在不同模式下的效果对比图。

	dropdown	dialog
Theme.Light	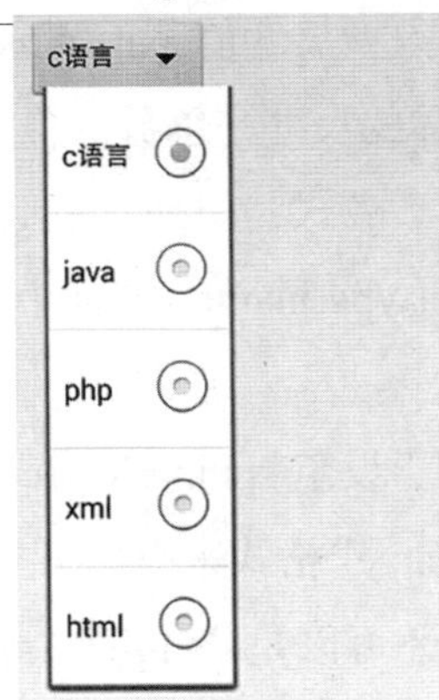	
Theme.Holo.Light	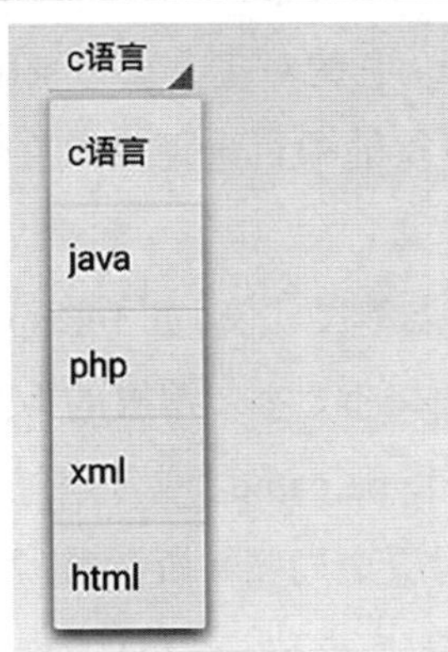	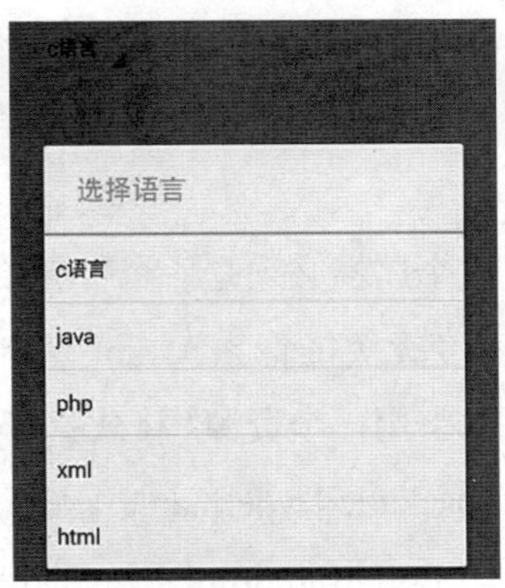

图 4-23　Spinner 在不同模式下的对比图

4.3.4 Spinner 的 xml 属性

其实上面已经提到了 Spinner 的两个属性：

（1）entries: 直接在 xml 布局文件中绑定数据源（不设置即可以在 Activity 中动态绑定）。

（2）spinnerMode: Spinner 的显示形式。

除此之外还有如下属性：

（1）prompt ：设置 Spinner 选择对话框的标题，如图 4–24 所示。

图 4–24　prompt 属性

（2）android:dropDownHorizontalOffset。它的对应方法为 setDropDownHorizontalOffset(int)。

当 spinnerMode="dropdown" 时，下拉的项目选择窗口在水平方向相对于 Spinner 窗口偏移。

这个属性必须是一个带有单位的浮点型尺寸值，如 14.5sp。有效的单位包括 px（像素）、dp（密度无关的像素）、sp（基于引用字体的尺寸来缩放的像素）、in（英寸）、mm（毫米）。

这个属性还可以引用一个资源（格式：@[package:]type:name）或者是包含这种类型值的主题属性（格式：?[package][type:]name）。这个属性对应全局属性资源符号 dropDownHorizontalOffset。

（3）android:dropDownSelector ：用于设定 spinnerMode="dropdown" 时列表选择器的显示效果。它可以用“@[+][package]:type:name”格式来引用另外的资源，或者是用“?[package:][type:]name”的格式来应用主题属性，还可以是“#rgb”“#argb”“#rrggbb”“aarrggbb”格式的颜色值。它对应的全局属性资源符号是 dropDownSelector。

（4）android:dropDownVerticalOffset。它的对应方法为 setDropDownVerticalOffset(int)。

当 spinnerMode="dropdown" 时，下拉的项目选择窗口在垂直方向相对于 Spinner 窗口偏移。

这个属性必须是一个带有单位的浮点型尺寸值，如 14.5sp。有效的单位包括 px（像素）、dp（密度无关的像素）、sp（基于引用字体的尺寸来缩放的像素）、in（英寸）、mm（毫米）。还可以引用一个资源（格式：@[package:]type:name）或者是包含这种类型值的主题属性（格式：?[package][type:]name）。这个属性对应全局属性资源符号 dropDownVerticalOffset。

（5）android:dropDownWidth。它的对应方法为 setDropDownWidth(int)。

在 spinnerMode="dropdown" 时，设定下拉框的宽度。

这个属性可以是带有单位的浮点型的尺寸值，如 14.5sp。有效的单位包括 px（像素）、dp（密度无关的像素）、sp（基于引用字体的尺寸来缩放的像素）、in（英寸）、mm（毫米）。还可以引用一个资源（格式：@[package:]type:name）或者是包含这种类型值的主题属性（格式：?[package][type:]name）。还可以是下列常量之一：

① fill_parent = –1：下拉框的宽度应该使用屏幕的宽度来设定。这个常量从 API Level 8 开始被废弃了，并且使用 mach_parent 常量来代替。

② mach_parent = –1：下拉框的宽度应该使用屏幕的宽度来设定。在 API Level 8 中被引入。

③ wrap_content = –2：下拉框的宽度应该跟它的内容相适应。

这个属性它对应的全局资源符号是 dropDownWidth。

（6）android:gravity。它的对应方法为 setGravity（int）。

这个属性用于设置当前选择的项目的对齐方式。它必须是以下常量值之一或组合（用" |" 符号分离）。

① top = 0x30：把选择的对象放到它的容器的顶部，不改变它的尺寸。

② bottom = 0x50：把选择的对象放到它的容器的底部，不改变它的尺寸。

③ left = 0x03：把选择的对象放到它的容器的左边，不改变它的尺寸。

④ right = 0x05：把选择的对象放到它的容器的右边，不改变它的尺寸。

⑤ center_vertical = 0x10：把选择的对象放到它的容器的垂直中心，不改变它的尺寸。

⑥ fill_vertical = 0x70：为了完全填充它的容器，系统会根据需要来增加选择对象的垂直尺寸。

⑦ center_horizontal = 0x01：把选择的对象放到它的容器的水平中心，不改变它的尺寸。

⑧ fill_horizontal = 0x07：为了完全填充它的容器，系统会根据需要来增加选择对象的水平尺寸。

⑨ center = 0x11：把选择的对象放到它的容器的垂直和水平中心，不改变它的尺寸。

⑩ fill = 0x77：为了完全填充它的容器，系统会根据需要来增加选择对象的水平和垂直尺寸。

⑪ clip_vertical = 0x80：附加的可选设置，它可以设置容器内子对象的上下边缘裁剪它的容器边框。裁剪会基于垂直对齐的方式：顶部对齐的会裁剪底部边缘，底部对齐的会裁剪顶部边缘，不会上下边缘都裁剪。

⑫ clip_horizontal = 0x08：附加的可选设置，它可以设置容器内子对象的左右边缘裁剪它的容器边框。裁剪会基于水平对齐的方式：左对齐的会裁剪右边缘，右对齐的会裁剪左边缘，不会左右边缘都裁剪。

⑬ start = 0x00800003：把对象放到它的容器的开始位置，不改变它的尺寸。

⑭ end = 0x00800005：把对象放到它的容器的结束位置，不改变它的尺寸。

这个属性对应的全局属性资源符号是 gravity。

注：Spinner 对象是一个视窗对象容器，设置它的 gravity 属性时，只会改变容器内部子视窗对象的对齐方式，并不会改变子视窗内部内容的对齐方式。

（7）android:popupBackground。它的对应方法为 setPopupBackgroundResource(int)。

在 spinner="dropdown" 时，使用这个属性来设置下拉列表的背景。

这个属性可以使用“@[+][package:]type:name”格式来引用另外的资源，或者使用“?[package:][type:]name”格式来应用主题属性，也可以使用“#rgb”“#argb”“#rrggbb”“#aarrggbb”格式的颜色值。

这个属性对应的全局属性资源符号是 popupBackground。

4.3.5 ListView 控件各种属性介绍

ListView 控件可有四种不同的视图显示方法，跟“资源管理器”里的“查看”方式相似：无图标、小图标、列表、报表式。使用哪种视图，可由该控件的 View 属性设置控制。其中“报表”视图用来显示记录数据很适合。

ListView 控件包括 ListItem 对象和 ColumnHeader 对象。

ListItem 对象（行）有两部分：一部分是图标和简要描述的文本（第 1 列）；一部分是前者的子项文本信息（第 2 列，第 3 列 ......）。ListItems 即是对 ListItem 对象集合（所有行）的引用。故 ListItems(1) 可以表示为第 1 行；ListItems(1).text 表示返回第 1 行第 1 列的文本值；ListItems(1).subItem(1) 表示返回第 1 行第 2 列的文本值。

1. 控件常用属性

（1）View 属性。该属性有 4 个值可设定：

① 1——小图标视图显示；

② 2——列表；

③ 3——报表；

④ 0——无图标（默认）。

（2）AllowColumnReorder 属性。设置为 .t. 时，用户可以用鼠标选中 1 列拖至其他地方进行重新排列。

（3）Checkboxes 属性。设置为 .t. 时，每一行数据前将显示一复选框。

（4）FlatScrollBar 属性。设置为 .f. 时控件将显示滚动条。

（5）FullRowSelect 属性。设置为 .t. 时可以整行地选择数据。

（6）GridLines 属性。设置为 .t. 时控件将显示网格线（只作用于“报表”视图）。

（7）HideColumnHeaders 属性。设置为 .f. 时，列标题可视，反之则不可视。

（8）HotTracking 属性。设置为 .t. 时，鼠标所在行将以高亮度显示。

（9）Icons 和 SmallIcons 属性。两者设置与 Listview 控件视图相关联的 ImageList 控件

中的图片。Icons 指明视图为大图标时的关联；SmallIcons 指明视图为小图标时的关联。

（10）LabelWrap 属性。设置为 .t. 时，文本标签超出列宽时可换行。

（11）SelectedItem 属性。返回对所选 ListItem 对象（行）的引用。

（12）Sorted 属性。当值为 .t. 时，列表按字母以一定的顺序排序。

（13）Picture 属性。指定控件的背景图片，此属性在控件自带属性设置框里设置。

2. 控件常用方法和程序

（1）常用方法。

① Add 方法。添加 ListItem 对象（行）到控件中。它的语法格式为：控件 ListItems 集合 .add(index，key，text，icon，smallIcon)。

② FindItem 方法。查找并返回对控件中 ListItem 对象的引用。它的语法格式为：控件名 .FindItem(string,value,index,match)。

（2）常用程序。

①新建一表单，在表单里拖出一个 ListView 控件和一个 ImageList 控件。选中 ListView 控件，单击右键，选择“ListViewCtrl Properties”，在 General 页面框中选中下列复选框：LabelWrap(文本可换行)、Checkboxes(显示复选框)、FullRowSelect(整行选定)。然后清除 FlatScrollBar 的选定，控件将显示滚动条。

②在表单的 Init 事件中加入下列代码：

```
//将 ImageList 控件图片赋予 ListView 控件
thisform.view1.Icons=thisform.Image1.object
thisform.view1.smallIcons=thisform.Image1.object
```

③在 ListView 控件 Init 事件中加入下列代码：

```
//初始化 ListView 控件
//设置显示为报表视图
this.view=3
//添加和设置列标
store this.ColumnHeaders.Add( "l11"," 序号 ",this.width/7 ) to clm1
store this.ColumnHeaders.Add( "l12"," 物资编号 ",this.width/4 ) to clm2
store this.ColumnHeaders.Add( "l13"," 存货名称 ",this.width/4 ) to clm3
store this.ColumnHeaders.Add( "l14"," 规格 ",this.width/4 ) to clm4
store this.ColumnHeaders.Add( "l15"," 计量单位 ",this.width/8 ) to clm5
store this.ColumnHeaders.Add( "l16"," 请购数量 ",this.width/4 ) to clm6
store this.ColumnHeaders.Add( "l17"," 使用日期 ",this.width/4 ) to clm7
store this.ColumnHeaders.Add( "l18"," 请购用途 ",this.width/4 ) to clm8
```

```
this.hottracking=.t.  //鼠标停留行高亮度显示
```

④将数据表添加到 ListView 控件中显示。新建一表单方法程序 refresh_grid，可随时调用刷新数据。在其中加入下列代码：

```
L1=thisform.view1 ;
L1.ListItems.clear ; //清除数据
sele 请购表
scan
//添加 ListItem 对象第 1 列图标和文本
store L1.listItems.Add( 序号, 1 ) to bbb ;
//添加第 2、3... 列文本
store alltrim( 物资编号 ) to bbb.subitems( 1 );
store alltrim( 存货名称 ) to bbb.subitems( 2 );
store alltrim( 规格 ) to bbb.subitems( 3 );
store alltrim( 计量单位 ) to bbb.subitems( 4 );
store 请购数量 to bbb.subitems( 5 );
store 使用日期 to bbb.subitems( 6 );
store alltrim( 请购用途 ) to bbb.subitems( 7 );
endscan
```

若字段值为 .null. 时，添加时将出现错误提示。此时请自行设置用函数加以判别，为 .null. 时可以空值添加。

⑤如何返回选定值：

```
L1=thisform.view1 ;
L1.selectedItem.text ; //返回选定行第 1 列文本值
L1.selectedItem.index ; //返回选定行的位置
L1.listItems( x ).subItems( y ); //返回第 x 行，第 y+1 列文本值
```

⑥如何用用命令设置复选框状态：

```
thisform.view1.listItems( x ).checked=.t.
//第 x 行复选框选定
```

⑦选定复选框时发生 itemcheck 事件：

```
LPARAMETERS item ;
if item.checked=.t ; //判定当复选框选中
要执行的语句
else
要执行的语句
```

```
endif
//清除所有数据
thisform.view1.listItems.clear ;
//清除选定行
L1=thisform.view1 ;
L1.listitems.remove( L1.selectedItem.index ) ;
//得知所有行的总数
L1.listitems.count
```

第 5 章　Activity 和 Fragment

5.1　Activity 概述

Activity 是一个程序的组件之一，它的主要功能是提供界面。

一个程序一般由多个 Activity 组成，各个 Activity 之间关系很松散，它们之间没有直接的关联。众 Activity 中必须有一个 Activity 被指定为主 Activity，它是程序启动时首先显示的界面。每个 Activity 都可以随意启动其他的 Activity。每当一个 Activity 被启动，则前一个 Activity 就被停止。一个程序中所有启动的 Activity 都被放在一个栈中，所以被停止的 Activity 并没有销毁，而在存于栈中。新启动的 Activity 先被存放于栈中，然后获得输入焦点。在当前活动的 Activity 上点返回键，它被从栈中取出，然后销毁，然后上一个 Activity 被恢复。

当一个 Activity 因为新的 Activity 启动而被停止时，它会收到状态变化的通知，这样的变化有多个，每个都会引起系统调用一个相应的回调方法以通知 Activity，这些回调方法被统称为“生命周期回调方法”。这些回调方法分别在 Activity 被创建、停止、恢复、销毁时被调用。

5.2　Fragment 概述

Android 运行在各种各样的设备中，有小屏幕的手机、超大屏的平板，甚至电视。针对屏幕尺寸的不同，很多情况下，都是先针对手机开发一套 App，然后拷贝一份，修改布局以适应平板或超级大屏的显示器。难道无法做到一个 App 可以同时适应手机和平板吗？Fragment 的出现就是为了解决这一问题。Fragment 可以作为 Activity 界面的一个组成部分，还可以完全由不同的 Fragment 组成 Activity 界面。此外，Fragment 还拥有自己的生命周期和接收、处理用户的事件，这样就不必在 Activity 写一堆控件的事件处理代码了。更为重要的是，开发者可以动态地添加、替换和移除某个 Fragment。

5.3　Activity 添加 Fragment 界面

Fragment 可以包含于多个 Activity，可以使应用适配到不同的屏幕尺寸。当屏幕尺寸足够大时，一个 Activity 可以包含多个 Fragment，当情况发生变化时则会启动另一个包含不同的 Activity。

5.3.1 创建一个空的 Activity

我们首先创建一个空的 Activity，水平排列。

Activity 是用户接口程序，原则上它会提供给用户一个交互式的接口功能。它是 Android 应用程序的基本功能单元。Activity 本身是没有界面的，所以 Activity 类创建了一个窗口，开发人员可以通过 Set Content View(View) 接口把 UI 放到 Activity 创建的窗口上。当 Activity 指向全屏窗口时，也可以用其他方式实现：作为漂浮窗口（通过 Windows Floating 的主题集合），或者嵌入到其他的 Activity（使用 Activity Group）。Activity 是单独的，用于处理用户操作。几乎所有的 Activity 都要和用户打交道。

res/layout/main.xml 文件源码如下：

```
<?xml version="1.0" encoding="utf-8"?>
<LinearLayout xmlns:android="http://schemas.android.com/apk/res/android"
android:layout_width="match_parent"
android:layout_height="match_parent"
android:orientation="horizontal" >
</LinearLayout>
```

com/fragment/FragmentDemoActivity.java 文件源码如下：

```
package com.fragment;
import android.app.Activity;
import android.os.Bundle;
public class FragmentDemoActivity extends Activity {
/** Called when the activity is first created*/
@Override
public void onCreate( Bundle savedInstanceState ) {
super.onCreate( savedInstanceState );
setContentView( R.layout.main );
}
```

```
}
```

5.3.2 创建 Fragment

我们创建两个 Fragment，一个是目录 TitlesFragment，一个是详情 DetailsFragment。TitlesFragment 集成 ListFragment，实现目录列表。

com/fragment/TitlesFragment.java 文件源码如下：

```
package com.fragment;
import android.app.Activity;
import android.app.AlertDialog;
import android.app.FragmentTransaction;
import android.app.ListFragment;
import android.os.Bundle;
import android.view.LayoutInflater;
import android.view.View;
import android.view.ViewGroup;
import android.widget.ArrayAdapter;
import android.widget.ListView;
public class TitlesFragment extends ListFragment {
static String[] array;
boolean mDualPane;
int mCurCheckPosition = 0;
@Override
public void onCreate( Bundle savedInstanceState ) {
super.onCreate( savedInstanceState );
}
@Override
public View onCreateView( LayoutInflater inflater, ViewGroup container,
Bundle savedInstanceState ) {
return super.onCreateView( inflater, container, savedInstanceState );
}
@Override
public void onPause( ) {
super.onPause( );
}
```

```
@Override
public void onStop( ) {
super.onStop( );
}
@Override
public void onAttach( Activity activity ) {
super.onAttach( activity );
}
@Override
public void onStart( ) {
super.onStart( );
}
@Override
public void onResume( ) {
super.onResume( );
}
@Override
public void onDestroy( ) {
super.onDestroy( );
}
@Override
public void onActivityCreated( Bundle savedInstanceState ) {
super.onActivityCreated( savedInstanceState );
array = getResources( ).getStringArray( R.array.countries_array );
setListAdapter( new ArrayAdapter<String>( getActivity( ),
android.R.layout.simple_list_item_1, array ) );
View detailsFrame = getActivity( ).findViewById( R.id.details );
mDualPane = detailsFrame != null
&& detailsFrame.getVisibility( )== View.VISIBLE;
if( savedInstanceState != null ) {
mCurCheckPosition = savedInstanceState.getInt( "curChoice", 0 ); // 从保存的状态中取出
数据
}
if( mDualPane ) {
```

```
getListView( ).setChoiceMode( ListView.CHOICE_MODE_SINGLE );
showDetails( mCurCheckPosition );
}
}
@Override
public void onSaveInstanceState( Bundle outState ) {
super.onSaveInstanceState( outState );
outState.putInt( "curChoice", mCurCheckPosition );
}
@Override
public void onListItemClick( ListView l, View v, int position, long id ) {
super.onListItemClick( l, v, position, id );
showDetails( mCurCheckPosition );
}
void showDetails( int index ) {
mCurCheckPosition = index;
if( mDualPane ) {
getListView( ).setItemChecked( index, true );
DetailsFragment details = ( DetailsFragment ) getFragmentManager( )
.findFragmentById( R.id.details );
if( details == null || details.getShownIndex( ) != index ) {
details = DetailsFragment.newInstance( mCurCheckPosition );
// 得到一个 fragment 事务（类似 sqlite 的操作）
FragmentTransaction ft = getFragmentManager( )
.beginTransaction( );
ft.replace( R.id.details, details );
ft.setTransition( FragmentTransaction.TRANSIT_FRAGMENT_FADE );
ft.commit( );// 提交
}
} else {
new AlertDialog.Builder( getActivity( )).setTitle(
android.R.string.dialog_alert_title ).setMessage(
array[index] ).setPositiveButton( android.R.string.ok,
null ).show( );
```

```
}
}
}
```

DetailsFragment 显示点击某个目录的详情，com/fragment/DetailsFragment.java 文件源代码如下：

```
package com.fragment;
import android.app.Fragment;
import android.os.Bundle;
import android.util.TypedValue;
import android.view.LayoutInflater;
import android.view.View;
import android.view.ViewGroup;
import android.widget.ScrollView;
import android.widget.TextView;
public class DetailsFragment extends Fragment {
static String[] array;
@Override
public void onCreate( Bundle savedInstanceState ) {
// TODO Auto-generated method stub
super.onCreate( savedInstanceState );
setHasOptionsMenu( true );
}
public static DetailsFragment newInstance( int index ) {
DetailsFragment details = new DetailsFragment( );
Bundle args = new Bundle( );
args.putInt( "index", index );
details.setArguments( args );
return details;
}
public int getShownIndex( ) {
return getArguments( ).getInt( "index", 0 );
}
@Override
public View onCreateView( LayoutInflater inflater, ViewGroup container,
```

```
Bundle savedInstanceState ) {
// TODO Auto-generated method stub
if( container == null )
return null;
array = getResources( ).getStringArray( R.array.countries_array );
ScrollView scroller = new ScrollView( getActivity( ));
/*GridView gridview =( GridView ) getActivity( ).findViewById( R.id.gridview );
gridview.setAdapter( new ImageAdapter( getActivity( )));
gridview.setOnItemClickListener( new OnItemClickListener( ) {
public void onItemClick( AdapterView<?> parent, View v, int position, long id ) {
Toast.makeText( DetailsFragment.this.getActivity( ), " " + position, Toast.LENGTH_
SHORT ).show( );
}
} );*/
/*// 定义 UI 组件
final ImageView iv=( ImageView )getActivity( ).findViewById( R.id.ImageView01 );
Gallery g =( Gallery ) getActivity( ).findViewById( R.id.Gallery01 );
// 设置图片匹配器
g.setAdapter( new ImageAdapter( getActivity( )));
// 设置 AdapterView 点击监听器，Gallery 是 AdapterView 的子类
g.setOnItemClickListener( new OnItemClickListener( ) {
@Override
public void onItemClick( AdapterView<?> parent, View view,
int position, long id ) {
// 显示点击的是第几张图片
Toast.makeText( DetailsFragment.this.getActivity( ), "" + position,
Toast.LENGTH_LONG ).show( );
// 设置背景部分的 ImageView 显示当前 Item 的图片
iv.setImageResource((( ImageView )view ).getId( ));
}
} );*/
TextView text = new TextView( getActivity( ));
int padding =( int ) TypedValue.applyDimension(
TypedValue.COMPLEX_UNIT_DIP, 4, getActivity( )
```

```
.getResources( ).getDisplayMetrics( ));
text.setPadding( padding, padding, padding, padding );
scroller.addView( text );
text.setText( array[getShownIndex( )] );
/*Button btnContact =( Button ) getActivity( ).findViewById( R.id.bt1 );
btnContact.setOnClickListener( new View.OnClickListener( ) {
@Override
public void onClick( View v ) {
// TODO Auto-generated method stub
Intent intent = new Intent( getActivity( ), MainHelloGallery.class );
startActivity( intent );
}
} );*/
return scroller;
}
/*@Override
public void onCreateOptionsMenu( Menu menu, MenuInflater inflater ) {
// TODO Auto-generated method stub
super.onCreateOptionsMenu( menu, inflater );
menu.add( "Menu 1a" ).setShowAsAction( MenuItem.SHOW_AS_ACTION_IF_ROOM );
menu.add( "Menu 1b" ).setShowAsAction( MenuItem.SHOW_AS_ACTION_IF_ROOM );
}
@Override
public boolean onOptionsItemSelected( MenuItem item ) {
// TODO Auto-generated method stub
Toast.makeText( getActivity( ), "index is"+getShownIndex( )+" && menu text is "+item.
getTitle( ), 1000 ).show( );
return super.onOptionsItemSelected( item );
}*/
}
```

5.3.3 将 Fragment 添加至 Activity 中

此时，已经实现了 Activity 和两个 Fragment，将 Fragment 添加至 Activity 有两种方式。

1. 在 activity 的 layout 文件中声明 fragment

```
<?xml version="1.0" encoding="utf-8"?>
<LinearLayout xmlns:android="http://schemas.android.com/apk/res/android"
android:layout_width="match_parent"
android:layout_height="match_parent"
android:orientation="horizontal" >
<fragment
android:id="@+id/titles"
android:layout_width="0px"
android:layout_height="match_parent"
android:layout_weight="0.31"
class="com.fragment.TitlesFragment" />
<FrameLayout android:id="@+id/details"
android:layout_weight="1"
android:layout_width="0px"
android:layout_height="match_parent"
android:background="?android:attr/detailsElementBackground" >
</FrameLayout>
</LinearLayout>
```

2. 在 Activity 中管理 Fragment

在 Activity 中管理 Fragment 需要使用 FragmentManager，通过调用 Activity 的 getFragmentManager( ) 取得它的实例。具体代码如下：

```
public void onCreate( Bundle savedInstanceState ) {
super.onCreate( savedInstanceState );
setContentView( R.layout.main );
FragmentManager fragmentManager = getFragmentManager( );
FragmentTransaction fragmentTransaction = fragmentManager.beginTransaction( );
TitlesFragment titleFragment = new TitlesFragment( );
DetailsFragment detailsFragment = new DetailsFragment( );
fragmentTransaction.add( R.id.titles, titleFragment );
fragmentTransaction.add( R.id.details, detailsFragment );
fragmentTransaction.commit( );
}
```

第 6 章　Service 和 BroadcastReceive

6.1　Service 详解

Service 可以在很多场合的应用中使用，比如播放多媒体的时候用户启动了其他 Activity，这个时候程序要在后台继续播放，再比如检测到 SD 卡上文件的变化，再或者在后台检测到用户地理信息位置的改变等。

Service 是在一段不定的时间运行在后台、不和用户交互的应用组件。每个 Service 必须在 manifest 中通过 <service> 来声明。我们可以通过 contect.startservice 和 contect.bindserverice 来启动 Service。

Service 和其他的应用组件一样，运行在进程的主线程中。这就是说如果 Service 需要很多耗时或者阻塞的操作，需要在其子线程中实现。

Service 分为本地服务和远程服务两种。

（1）本地服务，用于应用程序内部。

本地服务可以启动并运行，直至有人停止了它或它自己停止。在这种方式下，它以调用 Context.startService( ) 启动，而以调用 Context.stopService( ) 结束。它可以调用 Service.stopSelf( ) 或 Service.stopSelfResult( ) 来自己停止。不论调用了多少次 startService ( ) 方法，你只需要调用一次 stopService( ) 来停止服务。

用于实现应用程序自己的一些耗时任务，比如查询升级信息，并不占用应用程序比如 Activity 所属线程，而是单开线程后台执行，这样用户体验比较好。

（2）远程服务，用于 Android 系统内部的应用程序之间。

远程服务可以通过自己定义并暴露出来的接口进行程序操作。客户端建立一个到服务对象的连接，并通过那个连接来调用服务。连接以调用 Context.bindService( ) 方法建立，以调用 Context.unbindService( ) 关闭。多个客户端可以绑定至同一个服务。如果服务此时还没有加载，bindService( ) 会先加载它。

可被其他应用程序复用，比如天气预报服务，其他应用程序不需要再写这样的服务，调用已有的即可。

6.2 AIDL Service

Android 的本地服务只能由承载它的应用程序使用。现在我们将介绍如何构建可由其他进程通过 RPC（Remote Procedure Call，远程过程调用）使用服务。与许多其他基于 RPC 的解决方案一样，在 Android 中，需要使用 IDL（Interactive Data Language，交互式数据语言）来定义将向客户端公开的接口。在 Android 中，这个 IDL 称为 AIDL。要构建远程服务，执行以下步骤。

（1）编写一个 AIDL 文件来向客户端定义接口。AIDL 文件使用 Java 语法，它的扩展名是 .aidl，使用的包名称与 Android 项目所使用的包相同。

（2）将 AIDL 文件添加到项目的任意包下。Android Eclipse 插件将调用 AIDL 编译器来从 AIDL 文件生成 Java 接口。

上边这两步就是你自己随便定义一个扩展名是 .aidl 的文件，然后将这个文件复制到任意一个包下面，然后 Android Eclipse 插件会自动帮你根据这个 AIDL 文件生成相应的 Java 文件。

（3）实现一个服务并从 onBind( ) 方法返回所生成的接口。

（4）将服务配置添加到 AndroidManifest.xml 文件中。

为了展示远程服务实例，我们将编写一个股票报价服务。此服务将提供一种方法来获取股票代号并返回价格。要在 Android 中编写远程服务，第一步是在 AIDL 文件中定义服务的接口。

股票报价服务的 AIDL 定义如下：

```
//This file is IStockQuoteService.aidl
package com.androidbook.stockquoteservice;
interface IStockQuoteService
{
double getQuote( String ticker );
}
```

IStockQuoteService 以字符串的形式接受股票代号，并以双精度数字形式返回当前的股票价值。当创建 AIDL 文件时，Android Eclipse 插件将运行 AIDL 编译器来处理 AIDL 文件（在构建过程中）。如果 AIDL 文件成功编译，编译器将生成一个适合 RPC 通信的 Java 接口。请注意，生成的文件将位于在 AIDL 文件中指定的包中，在本例中为 com.androidbook.stockquoteservice。

下面是为 IStockQuoteService 接口生成的 Java 文件。生成的文件将放在 Eclipse 的根文件夹中。

```
/*
* This file is auto-generated.  DO NOT MODIFY.
* Original file:
F:\\workspace\\StockQuoteService\\src\\com\\androidbook\\stockquoteservice\\
IStockQuoteService.aidl
*/
package com.androidbook.stockquoteservice;
public interface IStockQuoteService extends android.os.IInterface
{
/** Local-side IPC implementation stub class. */
public static abstract class Stub extends android.os.Binder implements com.androidbook.
stockquoteservice.IStockQuoteService
{
private static final java.lang.String DESCRIPTOR = "com.androidbook.stockquoteservice.
IStockQuoteService";
/** Construct the stub at attach it to the interface. */
public Stub( )
{
this.attachInterface( this, DESCRIPTOR );
}
/**
* Cast an IBinder object into an com.androidbook.stockquoteservice.IStockQuoteService
*interface,generating a proxy if needed
*/
public static
com.androidbook.stockquoteservice.IStockQuoteService asInterface( android.os.IBinder
obj )
{
if(( obj==null )) {
return null;
}
android.os.IInterface iin =
( android.os.IInterface )obj.queryLocalInterface( DESCRIPTOR );
```

```
if( ( ( iin!=null )&&( iin instanceof
com.androidbook.stockquoteservice.IStockQuoteService ) ) ) {
return
( ( com.androidbook.stockquoteservice.IStockQuoteService )iin );
}
return new
com.androidbook.stockquoteservice.IStockQuoteService.Stub.Proxy( obj );
}
public android.os.IBinder asBinder( )
{
return this;
}
@Override public boolean onTransact( int code, android.os.Parcel data, android.os.Parcel
reply, int flags ) throws android.os.RemoteException
{
switch ( code )
{
case INTERFACE_TRANSACTION:
{
reply.writeString( DESCRIPTOR );
return true;
}
case TRANSACTION_getQuote:
{
data.enforceInterface( DESCRIPTOR );
java.lang.String _arg0;
_arg0 = data.readString( );
double _result = this.getQuote( _arg0 );
reply.writeNoException( );
reply.writeDouble( _result );
return true;
}
}
return super.onTransact( code, data, reply, flags );
```

```
}
private static class Proxy implements
com.androidbook.stockquoteservice.IStockQuoteService
{
private android.os.IBinder mRemote;
Proxy( android.os.IBinder remote )
{
mRemote = remote;
}
public android.os.IBinder asBinder( )
{
return mRemote;
}
public java.lang.String getInterfaceDescriptor( )
{
return DESCRIPTOR;
}
public double getQuote( java.lang.String ticker ) throws android.os.RemoteException
{
android.os.Parcel _data = android.os.Parcel.obtain( );
android.os.Parcel _reply = android.os.Parcel.obtain( );
double _result;
try {
_data.writeInterfaceToken( DESCRIPTOR );
_data.writeString( ticker );
mRemote.transact( Stub.TRANSACTION_getQuote, _data, _reply, 0 );
_reply.readException( );
_result = _reply.readDouble( );
}
finally {
_reply.recycle( );
_data.recycle( );
}
return _result;
```

```
}
}
static final int TRANSACTION_getQuote =
( android.os.IBinder.FIRST_CALL_TRANSACTION + 0 );
}
public double getQuote( java.lang.String ticker ) throws android.os.RemoteException;
}
```

6.3 BroadcastReceiver

BroadcastReceiver 是接收从 sendBroadcast( ) 发出的 intent 的基类。我们可以通过 Context.registerReceiver( ) 方法在代码中动态地注册一个 BroadcastReceiver 的实例，也可以通过在 AndroidManifest.xml 文件中用 <receiver> 标签来静态声明。

如果是在 Activity.onResume( ) 方法中注册的一个 receiver，那么必须在 Activity.onPause( ) 方法中进行注销（当一个 Activity 处于暂停状态是不会接收 intents 的，并且这样做也可以减小系统不必要的开销）。不要在 Activity.onSaveInstanceState( ) 方法中注销 receiver，因为 Activity 从栈中恢复的时候并不会调用这个方法。

可以接收的 broadcast 主要分为两种类型：

（1）普通的 broadcasts，它通过 Context.sendBroadcast 发送，是完全异步的。这个 broadcast 的 receiver 以无序的状态运行，经常是在同一时刻运行。这种做法是十分高效的，但是也意味着 receiver 不能够利用相互处理的结果或者调用退出的 API 来退出（因为不知道哪个 receiver 先接收到 intent）。

（2）有序的 broadcasts，它通过 Context.sendOrderedBroadcast 发送，一次只发送给一个 receiver。每一个 receiver 是有序地处理这个 intent 的，前面的 receiver 可以传递结果给下一个 receiver，或者任意一个 receiver 都可以完全退出，这样 intent 就不会传递给其他的 receivers。receiver 的执行顺序可以通过匹配的 intent–filter 中的 android:priority 属性来控制；如果有多个 receivers 处于同一个优先级，那么这几个 receivers 将会以任意的顺序来执行。

即使是在广播普通的 broadcasts 的情况下，系统也有可能在某些情况下转换为一次发送一个 broadcast 给一个 recerirver。特别是当 receivers 需要创建进程时，在同一时刻仅仅一个 receiver 可以运行，以避免系统因为这些新建的进程而过载。

尽管 Intent 类是用来发送和接受这些 broadcasts 的，但这里的 Intent broadcast 机制和那些通过 Context.startActivity( ) 方法来启动 Activity 的 intent 是完全独立的。一个 BroadcastReceiver 是没办法观察和捕获一个用于启动 Activity 的 intent 的；同样的，当通

过 intent 来发出 broadcast 时，也不可能通过这个 intent 找到或者启动一个 Activity。这两种操作是完全不同的：通过一个 intent 来启动一个 Activity 是一个前台操作，会改变用户当前交互的对象；而通过 intent 来发出 broadcast 是一个后台操作，用户经常是察觉不到的。

BroadcastReceiver 类（通过一个 manifest 的 <receiver> 标签作为一个组件启动）是应用程序全局声明周期中重要的一部分。

6.4 短信处理和电话处理

随着智能手机走进人们的生活，应用 Android 平台的手机也越来越多被人们使用。本次课程模拟手机对来去电和发送接收短信的操作处理，使读者能够掌握一定的 Android 开发基础，并为以后更深层次的学习作铺垫。

6.4.1 显示所有联系人姓名

```
listviewAll=( ListView )findViewById( R.id.listViewAll );
cdbo=new ContactDBOperator( ContactActivity.this );
ad=new ArrayAdapter<String>( this, android.R.layout.simple_expandable_list_item_
1,getData( ));
listviewAll.setAdapter( ad );
listviewAll.setOnItemClickListener( new listItemClickListener( ));
// 接收联系人信息
private ArrayList<String> getData( ){
list=new ArrayList<HashMap<String, Object>>( );
list=cdbo.findAllC( );
for( int i=0;i<list.size( );i++ ){
listData.add( list.get( i ).get( "name" ).toString( ));
}
System.out.println( listData );
return listData;
}
```

6.4.2 显示所选联系人信息

```
private void showContact( ){
Intent intent=getIntent( );
```

```
contact=( ContactBean )intent.getSerializableExtra( "contactD" );
name.setText( contact.getName( ) );
phone.setText( contact.getPhoneNumber( ) );
}
```

6.4.3 拨出电话

```
// 拨出电话时将通话记录加入数据库
// 得到当前时间
Calendar c=Calendar.getInstance( );
int year=c.get( Calendar.YEAR );
int month=c.get( Calendar.MONTH );
int day = c.get( Calendar.DAY_OF_MONTH );
int hour = c.get( Calendar.HOUR_OF_DAY );
int minute = c.get( Calendar.MINUTE );
String currentdate=String.valueOf( year )+"_"+String.valueOf( month )+"_"+String.valueOf
( day )+"_"+String.valueOf( hour )+"_"+String.valueOf( minute );
// 将通话记录加入数据库
String values[]={phone.getText( ).toString( ),currentdate,"30","0"};
CallDBOperator newcall=new CallDBOperator( getApplicationContext( ));
newcall.insertC( values );
```

6.4.4 来电时处理

```
// 广播接收者接受来电广播，对来电进行处理
public class BootBroadcastReceiver extends BroadcastReceiver {
@Override
public void onReceive( Context context, Intent intent ) {
Intent service=new Intent( context,PhoneService.class );
context.startService( service );
}
}
// 使用电话状态监听 phonestatelistener, 当有电话接入时获得来电信息
public final class TelephonyListener extends PhoneStateListener {
//private String incomingNumber;
private int starttime;
```

```
private int endtime;
private boolean flag;
@Override
public void onCallStateChanged( int state, String incomingNumber ) {
try {
switch ( state ) {
// 来电
case TelephonyManager.CALL_STATE_RINGING:
//this.incomingNumber=incomingNumber;
break;
// 接通
case TelephonyManager.CALL_STATE_OFFHOOK:
//starttime = String.valueOf( System.currentTimeMillis( ) );
// 获得短信发送时间
Date date=new Date( System.currentTimeMillis( ) );
SimpleDateFormat format=new SimpleDateFormat( "yyyy 年 MM 月 dd 日 HH:mm:ss" );
starttime=Integer.parseInt( format.format( date ) );
break;
case TelephonyManager.CALL_STATE_IDLE:// 挂断电话回归空闲
if( flag ) {
// 获得短信发送时间
Date date2=new Date( System.currentTimeMillis( ) );
SimpleDateFormat format2=new SimpleDateFormat( "yyyy 年 MM 月 dd 日 HH:mm:ss" );
endtime=Integer.parseInt( format2.format( date2 ) );
}else{
System.out.println( "+++++" );
}
break;
}
int dialingtime= endtime-starttime;
String values[]={incomingNumber,String.valueOf( starttime ),String.valueOf
( dialingtime ),"1"};
CallDBOperator newcall=new CallDBOperator( getApplicationContext( ) );
newcall.insertC( values );
```

```
} catch( Exception e ){
e.printStackTrace( );
}
}
}
```

6.4.5 显示已有短信

```
// 用 listview 显示 message 信息
// 得到选定的联系人号码
Intent intent=getIntent( );
contact=( ContactBean )intent.getSerializableExtra( "contactD" );
listitem=new ArrayList<HashMap<String,Object>>( );
SmsDBOperator smsinfo=new SmsDBOperator( getApplicationContext( ));
String fieldspart[]={"phonenumber","date","body"};
ArrayList<HashMap<String,Object>>allmess=smsinfo.findAllByFiledC( "status", "1",
fieldspart );
int messcount=smsinfo.getFiledTotalNumC( "status", "1" );
for( int i=0;i<messcount;i++ ){
HashMap<String,Object>map=new HashMap<String, Object>( );
String itemdate=allmess.get( i ).get( "date" ).toString( );
String day[]=itemdate.split( " " );
String messdate[]=day[0].split( " 年 " );
// 得到当前时间
Calendar c=Calendar.getInstance( );
int sysmonth=c.get( Calendar.MONTH );
int sysday = c.get( Calendar.DAY_OF_MONTH );
String sysmonthandday=String.valueOf( sysmonth )+" 月 "+String.valueOf( sysday )+" 日 ";
String messdateinfo=null;
if( messdate[1].equals( sysmonthandday ) ){
messdateinfo=day[1];
}
else{
messdateinfo=messdate[1];
}
```

```
map.put( "Itemphonenumber", allmess.get( i ).get( "phonenumber" ).toString( ));
map.put( "Itembody", allmess.get( i ).get( "body" ).toString( ));
map.put( "Itemdate", messdateinfo );
map.put( "ItemImage", R.drawable.ic_launcher );
listitem.add( map );
}
ad=new SimpleAdapter( this, listitem,R.layout.messageinfo_item,new String[]
{"Itemphonenumber","Itembody","Itemdate","ItemImage"},new int[]{R.id.
Itemphonenumber,R.id.Itembody,R.id.Itemdate,R.id.ItemImage} );
messinfolistview.setAdapter( ad );
messinfolistview.setOnItemClickListener( new messinfolistviewitemclickListener( ));
this.registerForContextMenu( messinfolistview );
```

6.4.6 选择短信接收者发送短信

```
//使用自定义适配器，将 listview 同 checkbox 绑定，选择信息的接收者
//选择短信接收者的事件响应
public class completeselectbuttonclickListener implements OnClickListener{
@Override
public void onClick( View arg0 ) {
String contactnumber="";
listItemID.clear( );
for( int i=0;i<adapter.mChecked.size( );i++ ){
if( adapter.mChecked.get( i ) ){
listItemID.add( i );
}
}
if( listItemID.size( )==0 ){
AlertDialog.Builder builder1 = new AlertDialog.Builder( SelectContact.this );
builder1.setMessage( " 没有选中任何记录 " );
builder1.show( );
}
else{
for( int i=0;i<listItemID.size( );i++ ){
contactnumber+=adapter.getItemNumber( listItemID.get( i ) ).toString( )+",";
```

```
}
}
Intent intent=new Intent( );
intent.setClass( SelectContact.this, Sendmess.class );
intent.putExtra( "selectname", contactnumber );
intent.putExtra( "turn", "fromselectcontact" );
SelectContact.this.startActivity( intent );
}
}
// 自定义适配器
public class MyAdapter extends BaseAdapter{
private Context context=null;
public List<Boolean> mChecked;
List<ContactBean> listPerson;
HashMap<Integer,View> map = new HashMap<Integer,View>( );
public MyAdapter( List<ContactBean> list,Context context ){
listPerson = new ArrayList<ContactBean>( );
listPerson = list;
this.context=context;
mChecked = new ArrayList<Boolean>( );
for( int i=0;i<list.size( );i++ ){
mChecked.add( false );
}
}
@Override
public int getCount( ) {
return listPerson.size( );
}
@Override
public Object getItem( int position ) {
return listPerson.get( position );
}
@Override
public long getItemId( int position ) {
```

```
return position;
}
public Object getItemName( int position ){
return listPerson.get( position ).getName( );
}
@Override
public View getView( int position, View convertView, ViewGroup parent ) {
View view;
ViewHolder holder = null;
if( map.get( position )== null ) {
Log.e( "SelctContact","position1 = "+position );
LayoutInflater mInflater=LayoutInflater.from( context );
view = mInflater.inflate( R.layout.selectcontact_item, null );
holder = new ViewHolder( );
holder.selected =( CheckBox )view.findViewById( R.id.selectcheckbox );
holder.name =( TextView )view.findViewById( R.id.contactname );
holder.number =( TextView )view.findViewById( R.id.contactnumber );
final int p = position;
map.put( position, view );
holder.selected.setOnClickListener( new View.OnClickListener( ) {
@Override
public void onClick( View v ) {
CheckBox cb =( CheckBox )v;
mChecked.set( p, cb.isChecked( ));
}
} );
view.setTag( holder );
}else{
Log.e( "SelectContact","position2 = "+position );
view = map.get( position );
holder =( ViewHolder )view.getTag( );
}
holder.selected.setChecked( mChecked.get( position ));
holder.name.setText( listPerson.get( position ).getName( ));
```

```
holder.number.setText( listPerson.get( position ).getPhoneNumber( ));
return view;
}
static class ViewHolder{
CheckBox selected;
TextView name;
TextView number;
}
public Object getItemNumber( int position ) {
return listPerson.get( position ).getPhoneNumber( );
}
}
// 点击按钮发送短信
public class SendmessButtonclickListener implements OnClickListener{
@Override
public void onClick( View arg0 ) {
// 得到发送信息号码个数
if( !validate( ) ) return;
int douhaocount=count( messnum.getText( ).toString( ),"," );
if( douhaocount==0 ){
if( !checkMobile( messnum.getText( ).toString( ) ) ){
Toast.makeText( getApplicationContext( ), " 号码错误，请重新输入！ ", Toast.LENGT H_
LONG ).show( );
}
else{
SmsManager.getDefault( ).sendTextMessage( messnum.getText( ).toString( ).trim
( ),null,messcon.getText( ).toString( ),null,null );
// 获得当前系统时间
SimpleDateFormat formatter =
new SimpleDateFormat( "yyyy 年 MM 月 dd 日 HH:mm:ss " );
Date curDate = new Date( System.currentTimeMillis( ));// 获取当前时间
String str = formatter.format( curDate );
// 存储进数据库
String values[]={messnum.getText( ).toString( ).trim( ),str,"1","1","0",messcon.getText
```

```
( ).toString( )};
    SmsDBOperator messinfo=new SmsDBOperator( getApplicationContext( ));
    messinfo.insertC( values );
    }
    }
    else{
    String douhao[]=messnum.getText( ).toString( ).split( "," );
    int numbercount=count( messnum.getText( ).toString( ),"," );
    String num[]=messnum.getText( ).toString( ).split( "," );
    for( int i=0;i<numbercount;i++ ){
    if( !checkMobile( num[i] ) ){
    Toast.makeText( getApplicationContext( ), " 您输入的电话号码不正确请重新输
入 !",Toast.LENGTH_LONG ).show( );
    }
    else{
    SmsManager.getDefault( ).sendTextMessage( num[i],null,messcon.getText( ).toString
( ),null,null );
    String sendcon=messcon.getText( ).toString( ).trim( );
    // 获得当前系统时间
    SimpleDateFormat formatter2 = new SimpleDateFormat ( "yyyy 年 MM 月 dd 日
HH:mm:ss " );
    Date curDate2= new Date( System.currentTimeMillis( ));// 获取当前时间
    String str2 = formatter2.format( curDate2 );
    // 存储进数据库
    String values[]={num[i],str2,"1","1","0",sendcon};
    SmsDBOperator messinfo=new SmsDBOperator( getApplicationContext( ));
    messinfo.insertC( values );
    .
    .
    .
    messnum.setText( "" );
    messcon.setText( "" );
    Toast.makeText( getApplicationContext( ), " 短信发送成功 !",Toast.LENGTH_LONG ).
show( );
```

```
}
}
// 对短信接收者号码进行合法性验证
public boolean validate( ) {
String mobile=messnum.getText( ).toString( ).trim( );
String content=messcon.getText( ).toString( );
if( mobile.equals( "" ) ){
Toast.makeText( this, " 手机号码不能为空 !",Toast.LENGTH_LONG ).show( );
return false;
}
else if( content.equals( "" ) ){
Toast.makeText( getApplicationContext( ), " 短信内容不能为空请重新输入 !",Toast.
LENGTH_LONG ).show( );
return false;
}
else{
return true;
}
}
public boolean checkMobile( String mobile ){
String regex="^( 13[0-9]|15[0-9]|18[0|2|5|6|7|8|9] )\\d{8}$";
Pattern p = Pattern.compile( regex );
Matcher m = p.matcher( mobile );
return m.find( );
}
```

6.4.7 收到短信时处理

```
// 使用广播接收者 broadcastreceiver，当收到信息时获得号码和内容
public class SMSBroadcastReceiver extends BroadcastReceiver {
private static final String strRes = "android.provider.Telephony.SMS_RECEIVED";
public void onReceive( Context context, Intent intent ) {
/* 判断是否是 SMS_RECEIVED 事件被触发 */
if( intent.getAction( ).equals( strRes ) ) {
StringBuilder sb = new StringBuilder( );
```

```
Bundle bundle = intent.getExtras( );
if( bundle != null ) {
Object[] pdus = ( Object[] ) bundle.get( "pdus" );
SmsMessage[] msg = new SmsMessage[pdus.length];
for( int i = 0; i < pdus.length; i++ ) {
msg[i] = SmsMessage.createFromPdu( ( byte[] ) pdus[i] );
}
for( SmsMessage currMsg : msg ) {
// 得到电话号码和信息内容
String receivenum=currMsg.getDisplayOriginatingAddress( );
String receivecon=currMsg.getDisplayMessageBody( );
// 获得短信发送时间
Date date=new Date( currMsg.getTimestampMillis( ));
SimpleDateFormat format=new SimpleDateFormat( "yyyy 年 MM 月 dd 日 HH:mm:ss" );
String receiveTime=format.format( date );
// 存储进数据库
String values[]={receivenum,receiveTime,"0","1","1",receivecon};
SmsDBOperator messinfo=new SmsDBOperator( context );
messinfo.insertC( values );
sb.append( " 您收到了来自 :【 " );
sb.append( currMsg.getDisplayOriginatingAddress( ));
sb.append( " 】的信息，内容：" );
sb.append( currMsg.getDisplayMessageBody( ));
}
Toast toast = Toast.makeText( context, " 收到了短消息 : " + sb.toString( ),Toast.LENGTH_LONG );
toast.show( );
}
}
```

第 7 章　Intent 和 IntentFilter

7.1　Intent 和 IntentFilter 概述

7.1.1 Intent

Intent(意图)主要是解决 Android 应用的各项组件之间的通讯。

Intent 负责对应用中一次操作的动作、动作涉及数据、附加数据进行描述，Android 则根据此 Intent 的描述，负责找到对应的组件，将 Intent 传递给调用的组件，并完成组件的调用。

因此，Intent 在这里起着一个媒体中介的作用，专门提供组件互相调用的相关信息，实现调用者与被调用者之间的解耦。

例如，在一个联系人维护的应用中，当我们在一个联系人列表屏幕（假设对应的 Activity 为 listActivity）上点击某个联系人后，希望能够跳出此联系人的详细信息屏幕（假设对应的 Activity 为 detailActivity）。为了实现这个目的，listActivity 需要构造一个 Intent，这个 Intent 用于告诉系统，我们要做"查看"动作，此动作对应的查看对象是"某联系人"，然后调用 startActivity（Intent intent），将构造的 Intent 传入，系统会根据此 Intent 中的描述，到 ManiFest 中找到满足此 Intent 要求的 Activity，系统调用找到的 Activity，即为 detailActivity，最终传入 Intent，detailActivity 则会根据此 Intent 中的描述，执行相应的操作。

7.1.2 IntentFilter

IntentFilter 描述了一个组件愿意接收什么样的 Intent 对象，Android 将其抽象为 android.content.IntentFilter 类。在 Android 的 AndroidManifest.xml 配置文件中可以通过 <intent–filter > 节点为一个 Activity 指定其 IntentFilter，以便告诉系统该 Activity 可以响应什么类型的 Intent。

当程序员使用 startActivity(intent)来启动另外一个 Activity 时，如果直接指定 intent 对象的 Component 属性，那么 Activity Manager 将试图启动其 Component 属性指

定的 Activity。否则 Android 将通过 Intent 的其他属性从安装在系统中的所有 Activity 中查找与之最匹配的一个启动，如果没有找到合适的 Activity，应用程序会得到一个系统抛出的异常。

7.2　显式 Intent 和隐式 Intent

对于明确指出了目标组件名称的 Intent，我们称之为“显式 Intent”。

对于没有明确指出目标组件名称的 Intent，我们则称之为“隐式 Intent”。

对于隐式意图，Android 是怎样寻找到这个最合适的组件呢？前面我们在定义活动时，指定了一个 IntentFilter，IntentFilter（意图过滤器）其实就是用来匹配隐式 Intent 的，当一个意图对象被一个意图过滤器进行匹配测试时，只有三个方面会被参考到：动作、数据（URI 以及数据类型）和类别。

7.3　IntentFilter 对象

一个 Intent Object（对象）是一个信息包。它包含了要接收此 Intent 的组件需要的信息（例如需要的动作和动作需要的信息）和 Android 系统需要的信息（要处理此 Intent 的组件的类别和怎样启动它）。总的来说，Intent Object 主要包括以下信息：

1. Component name

Component name 处理 Intent 的组件名称。此字段是一个 ComponentNameobject——它是目标的组件的完整限定名（包名 + 类名），例如：com.android,.test.TestActivity。

该字段是可选的。如果设置了此字段，那么 Intent Object 将会被传递到这个组件名所对应的类的实例中。如果没有设置，Android 会用 Intent object 中的其他信息去定位到一个合适的目标组件中。

我们可以通过 setComponent( )、setClass( ) 或者 setClassName( ) 进行 Component name 设置，也可以通过 getComponent( ) 对 Component name 进行读取。

2. 动作（Action）

Action 属性的值为一个字符串，代表要执行的动作，对于 broadcase intents 来说，它表示正在发生，并且被报告的动作。Intent 类中定义了许多动作常量，如表 7-1 所示。

表 7-1 Action 常量

Constent（常量）	Target Component（目标组件）	Action（动作）
ACTION_CALL	Activity	初始化一个电话呼叫
ACTION_EDIT	Activity	显示用户要编辑的数据
ACTION_MAIN	Activity	将该 Activity 作为 task 的第一个 Activity，没有数据输入，也没有数据返回
ACTION_SYNC	Activity	在设备上同步服务器上的数据
ACTION_BATTERY_LOW	Broadcast receiver	电量不足的警告
ACTION_HEADSET_PLUG	Broadcast receiver	耳机插入设备，或者从设备中拔出
ACTION_SCREEN_ON	Broadcast receiver	屏幕已经点亮
ACTION_TIMEZONE_CHANGED	Broadcast receiver	时区设置改变

你也可以定义自己的 action strings 来激活组件。自定义的 Action 应该包含包名作为前缀。例如，com.example.project.SHOW_COLOR。

action 很大程度上决定了 Intent 余下部分的结构，特别是 data 和 extras 两个字段，就像一个方法的方法名通常决定了方法的参数和返回值。 基于这个原因，应该给 action 命名一个尽可能明确的名字。我们可以通过 setAction( ) 设置 action，通过 getAction( ) 进行获取。

3. Data

Data 属性有两部分构成：数据 URI 和 数据 MIME Type 。 action 的定义往往决定了 data 该如何定义。 例如：如果一个 Intent 的 action 为 ACTION_EDIT，那么它对应的 data 应该包含待编辑数据的 URI ；如果一个 action 为 ACTION_CALL，那么 data 应该为电话号码的 URI。类似的，如果 action 为 ACTION_VIEW，那么 data 应该为 http 的 URI ，接收到的 activity 将会下载并显示相应的数据。

当一个 Intent 和有能力处理此 Intent 的组件进行匹配时，除了 data 的 URI 以外，了解 data 的类型（MIME Type）也很重要。例如，一个显示图片的组件不应该去播放声音文件。

许多情况下，data type 可以从 URI 中推测出，尤其是 URI =content:URIs 时。这时候数据通常是位于本设备上而且是由某个 content provider 来控制的。即便如此，我们仍然可以明确地在 Intent Object 上设置一个 data type。setData( ) 方法只能设置 URI, setType( ) 设置 MIME type。而 setDataAndType( ) 可以对二者进行设置，可分别调用 getData( ) 方法和 getType( ) 方法获取 URI 和 data type。

4. Category

Category 代表了一个字符串，包含了处理该 Intent 组件的种类信息，起着对 action 补充说明的作用。

一个 Intent 对象可以有任意多个 category，和 action 一样，在 Intent class 中也定义了几个 category 常量，如表 7-2 所示。

表 7-2　Category 常量

Constant	Meaning
CATEGORY_BROWSABLE	目标 Activity 可以使用浏览器显示数据
CATEGORY_GADGET	该 Activity 可以被包含在另外一个装载小工具的 Activity 中
CATEGORY_HOME	该活动显示主屏幕，当设备打开或用户按下家庭主键时，用户看到的第一个屏幕。
CATEGORY_LAUNCHER	可以让一个 Activity 出现在 launcher 中
CATEGORY_PREFERENCE	该 Activity 是一个选项面板

5. Extras

Extras 为键 - 值对形式的附加信息。例如 ACTION_TIMEZONE_CHANGED 的 intent 有一个"time-zone"附加信息来指明新的时区，而 ACTION_HEADSET_PLUG 有一个"state"附加信息来指示耳机是被插入还是被拔出。

intent 对象有一系列 put...( ) 和 set...( ) 方法来设定和获取附加信息，这些方法和 Bundle 对象很像。事实上附加信息可以使用 putExtras( ) 和 getExtras( ) 作为 Bundle 来读和写。

6. Flags

Intent 定义了各种各样的标志，许多指示 Android 系统如何去启动一个活动（例如，活动应该属于哪个任务）和启动之后如何对待它（例如，它是否属于最近的活动列表）。所有这些标志都定义在 Intent 类中。

第 8 章　HTTP 数据通信

8.1　HTTP 概述

Web 浏览器、服务器和相关的 Web 应用程序都是通过 HTTP 相互通信的。HTTP 协议规定了 Web 应用程序之间进行通话的格式，比如中国人之间进行通话是用汉语进行的，汉语就是两个人之间的通话协议，在规定了汉语这个协议之后，每个中国人之间说话就都能听懂了。

Web 内容都是存储在 Web 服务器上的。Web 服务器所使用的是 HTTP 协议，因此经常被称为 HTTP 服务器。这些 HTTP 服务器存储了因特网中的数据，如果 HTTP 客户端发出请求的话，它们会提供数据。客户端向服务器发送 HTTP 请求，服务器会在 HTTP 响应中回送所请求的数据，见图 8–1。

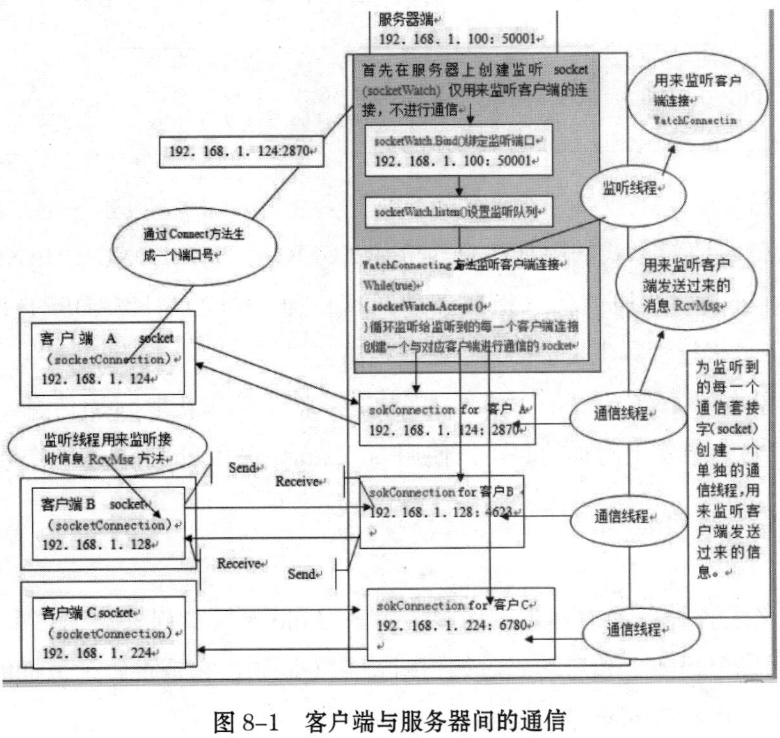

图 8–1　客户端与服务器间的通信

最常见的 HTTP 客户端就是 Web 浏览器。

浏览一个页面时（比如 http：//www.oreilly.com/index.html），浏览器会向服务器 www.oreilly.com 发送一条 HTTP 请求。服务器会去寻找所期望的对象（在这个例子中就是 /index.html），如果成功，就将对象、对象类型、对象长度以及其他一些信息放在 HTTP 响应中发送给客户端。

浏览器只负责解释执行 html+css+JavaScript 代码。

服务器可执行的服务器端语言有 .net，java 等，分别有不同的运行环境执行代码（Framework，JVM）。

ping 命令就是对服务器发送测试数据包，看对方时候有响应并统计响应时间，以此测试网络，比如 ping www.baidu.com –t。telnet 命令的使用也可以用来测试网络。

8.2　使用 HTTP 协议访问资源

HTTP 是一个属于应用层的面向对象的协议，由于其简捷、快速的方式，适用于分布式超媒体信息系统。它于 1990 年提出，经过几年的使用与发展，得到不断的完善和扩展。

HTTP 协议的主要特点可概括如下：

（1）支持客户 / 服务器模式。

（2）简单快速。客户向服务器请求服务时，只需传送请求方法和路径。请求方法常用的有 GET、HEAD、POST。每种方法规定了客户与服务器联系的类型不同。由于 HTTP 协议简单，使得 HTTP 服务器的程序规模小，因而通信速度很快。

（3）灵活。HTTP 允许传输任意类型的数据对象。正在传输的类型由 Content–Type 加以标记。

（4）无连接。无连接的含义是限制每次连接只处理一个请求。服务器处理完客户的请求并收到客户的应答后，立即断开连接。采用这种方式可以节省传输时间。

（5）无状态。HTTP 协议是无状态协议。无状态是指协议对于事务处理没有记忆能力。缺少状态意味着如果后续处理需要前面的信息，则它必须重传，这样可能导致每次连接传送的数据量增大。另一方面，在服务器不需要先前信息时它的应答就较快。

下面讲述 HTTP 常用的三个部分。

8.2.1 HTTP URL

HTTP（超文本传输协议）是一个基于请求与响应模式的、无状态的、应用层的协议，常基于 TCP 的连接方式，HTTP1.1 版本中给出一种持续连接的机制，绝大多数的 Web 开发，都是构建在 HTTP 协议之上的 Web 应用。

HTTP URL（URL 是一种特殊类型的 URI，包含了用于查找某个资源的足够信息）的格式如下：

http://host[":"port][abs_path]

http 表示要通过 HTTP 协议来定位网络资源；host 表示合法的 Internet 主机域名或者 IP 地址；port 指定一个端口号，为空则使用缺省端口 80；abs_path 指定请求资源的 URI；如果 URL 中没有给出 abs_path，那么当它作为请求 URI 时，必须以“/”的形式给出，通常这个工作由浏览器自动帮我们完成。

8.2.2 HTTP 请求

HTTP 请求由三部分组成，分别是：请求行、消息报头、请求正文。此处重点讲述请求行。

请求行以一个方法符号开头，以空格分开，后面跟着请求的 URI 和协议的版本，格式如下：Method Request–URI HTTP–Version CRLF

其中 Method 表示请求方法；Request–URI 是一个统一资源标识符；HTTP–Version 表示请求的 HTTP 协议版本；CRLF 表示回车和换行（除了作为结尾的 CRLF 外，不允许出现单独的 CR 或 LF 字符）。

请求方法（所有方法全为大写）有多种，各个方法的解释如下。

（1）GET：请求获取 Request–URI 所标识的资源。

（2）POST：在 Request–URI 所标识的资源后附加新的数据。

（3）HEAD：请求获取由 Request–URI 所标识的资源的响应消息报头。

（4）PUT：请求服务器存储一个资源，并用 Request–URI 作为其标识。

（5）DELETE：请求服务器删除 Request–URI 所标识的资源。

（6）TRACE：请求服务器回送收到的请求信息，主要用于测试或诊断。

（7）CONNECT：保留将来使用。

（8）OPTIONS：请求查询服务器的性能，或者查询与资源相关的选项和需求。

请求方法的应用举例：

GET 方法：在浏览器的地址栏中以输入网址的方式访问网页时，浏览器采用 GET 方法向服务器获取资源，例如：GET /form.html HTTP/1.1（CRLF）。

POST 方法：要求被请求服务器接受附在请求后面的数据，常用于提交表单。

例如：POST /reg.jsp HTTP/（CRLF）

Accept:image/gif,image/x–xbit,...（CRLF）

...

HOST:www.guet.edu.cn（CRLF）

Content–Length:22（CRLF）

Connection:Keep-Alive（CRLF）

Cache-Control:no-cache（CRLF）

（CRLF）// 该 CRLF 表示消息报头已经结束，在此之前为消息报头

user=jeffrey&pwd=1234 // 此行以下为提交的数据

HEAD 方法与 GET 方法几乎是一样的，对于 HEAD 请求的回应部分来说，它的 HTTP 头部中包含的信息与通过 GET 请求所得到的信息是相同的。利用这个方法，不必传输整个资源内容，就可以得到 Request-URI 所标识的资源的信息。该方法常用于测试超链接的有效性、是否可以访问，以及最近是否更新。

8.2.3 HTTP 响应

在接收和解释请求消息后，服务器会返回一个 HTTP 响应消息。

HTTP 响应也是由三个部分组成，分别是：状态行、消息报头、响应正文。此处重点介绍状态行。

状态行的格式如下：

HTTP-Version Status-Code Reason-Phrase CRLF

其中，HTTP-Version 表示服务器 HTTP 协议的版本；Status-Code 表示服务器发回的响应状态代码；Reason-Phrase 表示状态代码的文本描述。

状态代码由三位数字组成，第一个数字定义了响应的类别，且有五种可能取值。

（1）1xx：指示信息，表示请求已接收，继续处理。

（2）2xx：成功，表示请求已被成功接收、理解、接受。

（3）3xx：重定向，表示要完成请求必须进行更进一步的操作。

（4）4xx：客户端错误，表示请求有语法错误或请求无法实现。

（5）5xx：服务器端错误，表示服务器未能实现合法的请求。

常见状态代码、状态描述、说明如下。

（1）200 OK 表示客户端请求成功。

（2）400 Bad Request 表示客户端请求有语法错误，不能被服务器所理解。

（3）401 Unauthorized 表示请求未经授权，这个状态代码必须和 WWW-Authenticate 报头域一起使用。

（4）403 Forbidden 表示服务器收到请求，但是拒绝提供服务。

（5）404 Not Found 表示请求资源不存在，如输入了错误的 URL。

（6）500 Internal Server Error 表示服务器发生不可预期的错误。

（7）503 Server Unavailable 表示服务器当前不能处理客户端的请求，一段时间后可能恢复正常。

8.3 URL 类详解

统一资源定位符（Uniform Resource Locator，URL）是对可以从互联网上得到的资源的位置和访问方法的一种简洁的表示，是互联网上标准资源的地址。互联网上的每个文件都有一个唯一的 URL，它包含的信息指出文件的位置以及浏览器应该怎么处理它。

在因特网的历史上，统一资源定位符的发明是一个非常基础的步骤。统一资源定位符的语法是一般的、可扩展的，它使用 ASCII 代码的一部分来表示因特网的地址。一般统一资源定位符的开始是一个计算机网络所使用的网络协议。

URL 最初是由蒂姆·伯纳斯·李发明用来作为万维网的地址的，现在它已经被万维网联盟编制为互联网标准 RFC1738 了。

只要能够对资源定位，系统就可以对资源进行各种操作，如存取、更新、替换和查找等。

URL 相当于一个文件名在网络范围的扩展。因此 URL 是与因特网相连的机器上的任何可访问对象的一个指针。

基本 URL 包含模式（或称协议）、服务器名称（或 IP 地址）、路径和文件名，如“协议://授权/路径？查询”。完整的、带有授权部分的普通统一资源标志符语法格式如下：协议://用户名：密码@子域名.域名.顶级域名：端口号/目录/文件名.文件后缀？参数=值#标志。

8.4 使用接口

Spring HTTP invoker 是 spring 框架中的一个远程调用模型，执行基于 HTTP 的远程调用（意味着可以通过防火墙），并使用 Java 的序列化机制在网络间传递对象。客户端可以很轻松地像调用本地对象一样调用远程服务器上的对象，这有点类似于 webservice，但又不同于 webservice，区别如表 8-1 所示。

表 8-1 webservice 与 HTTP invoker 的区别

webservice	HTTP invoker
跨平台，跨语言	只支持 Java 语言
支持 SOAP，提供 WSDL	不支持 SOAP
结构庞大，依赖特定的 webservice 实现，如 XFire 等	结构简单，只依赖于 spring 框架本身

项目中使用哪种远程调用机制取决于项目本身的要求。

HTTP invoker 服务模式如图 8-2 所示。

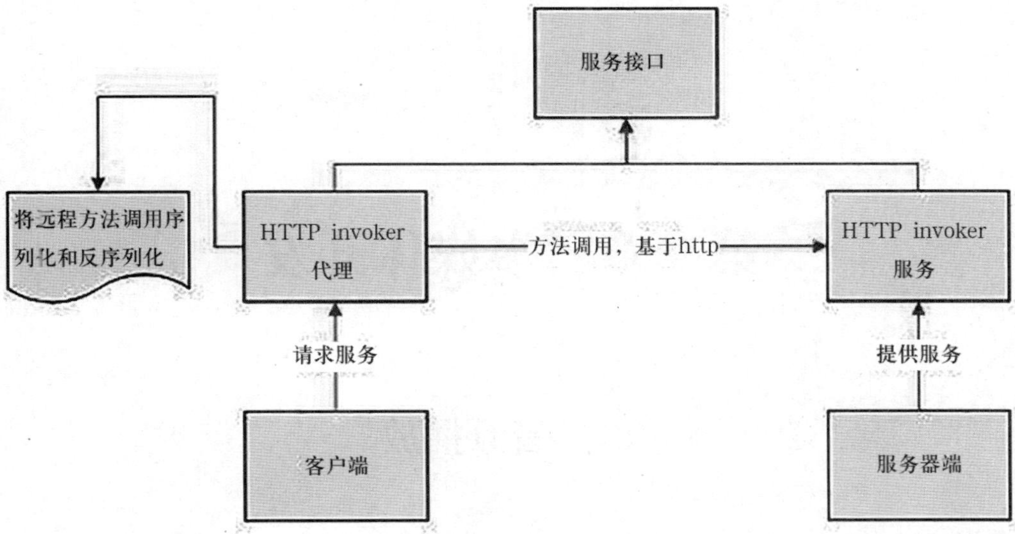

图 8–2　HTTP invoker 服务模式

说明：

（1）服务器端：通过 HTTP invoker 服务将服务接口的某个实现类提供为远程服务。

（2）客户端:通过 HTTP invoker 代理向服务器端发送请求，远程调用服务接口的方法。

（3）服务器端与客户端通信的数据需要序列化。

第 9 章　多媒体开发

9.1　音频播放

音频播放的代码较为简单，我们来看播放的过程和终止播放。

9.1.1 播放过程

```
mPlayer = new MediaPlayer( );
try {
mPlayer.setDataSource( fileName );
mPlayer.prepare( );
mPlayer.start( );
} catch ( IOException e ) {
Log.e( LOG_TAG, "prepare( ) failed" );
}
```

9.1.2 终止播放

```
mPlayer.release( );
mPlayer = null;
```

9.2　视频播放

在 Android 中，我们有三种方式来实现视频的播放：

（1）使用其自带的播放器。指定 Action 为 ACTION_VIEW，Data 为 Uri，Type 为其 MIME 类型。

（2）使用 VideoView 来播放。在布局文件中使用 VideoView 结合 MediaController 来实

现对视频的控制。

（3）使用 MediaPlayer 类和 SurfaceView 来实现，这种方式很灵活。

下面将对以上三种代码分别进行介绍。

（1）调用其自带播放器的代码如下：

```
Uri uri = Uri.parse( Environment.getExternalStorageDirectory( ).getPath( )+"/Test_Movie.m4v" );
// 调用系统自带的播放器
Intent intent = new Intent( Intent.ACTION_VIEW );
Log.v( "URI:::::::::", uri.toString( ));
intent.setDataAndType( uri, "video/mp4" );
startActivity( intent );
```

（2）使用 VideoView 来实现的代码如下：

```
Uri uri = Uri.parse( Environment.getExternalStorageDirectory( ).getPath( )+"/Test_Movie.m4v" );
VideoView videoView =( VideoView )this.findViewById( R.id.video_view );
videoView.setMediaController( new MediaController( this ));
videoView.setVideoURI( uri );
videoView.start( );
videoView.requestFocus( );
```

（3）使用 MediaPlayer 的代码如下：

```
package demo.camera;
import java.io.IOException;
import android.app.Activity;
import android.media.MediaPlayer;
import android.media.MediaPlayer.OnCompletionListener;
import android.media.MediaPlayer.OnErrorListener;
import android.media.MediaPlayer.OnInfoListener;
import android.media.MediaPlayer.OnPreparedListener;
import android.media.MediaPlayer.OnSeekCompleteListener;
import android.media.MediaPlayer.OnVideoSizeChangedListener;
import android.os.Bundle;
import android.os.Environment;
import android.util.Log;
import android.view.Display;
```

```
import android.view.SurfaceHolder;
import android.view.SurfaceView;
import android.widget.LinearLayout;
/**
* 该实例中使用 MediaPlayer 完成播放，同时界面使用 SurfaceView 来实现
*
* 这里我们实现 MediaPlayer 中很多状态变化时的监听器
*
* 使用 Mediaplayer 时，也可以使用 MediaController 类，但是需要实现 MediaController.mediaController 接口
* 实现一些控制方法
*
* 设置 controller.setMediaPlayer( )、setAnchorView( )、setEnabled( )、show( ) 就可以了，这里不再实现
* @author Administrator
*
*/
public class VideoSurfaceDemo extends Activity implements OnCompletionListener,
OnErrorListener,OnInfoListener, OnPreparedListener, OnSeekCompleteListener,OnVideoSizeChangedListener,SurfaceHolder.Callback{
private Display currDisplay;
private SurfaceView surfaceView;
private SurfaceHolder holder;
private MediaPlayer player;
private int vWidth,vHeight;
//private boolean readyToPlay = false;
public void onCreate( Bundle savedInstanceState ){
super.onCreate( savedInstanceState );
this.setContentView( R.layout.video_surface );
surfaceView =( SurfaceView )this.findViewById( R.id.video_surface );
// 给 SurfaceView 添加 CallBack 监听
holder = surfaceView.getHolder( );
holder.addCallback( this );
// 为了可以播放视频或者使用 Camera 预览，我们需要指定其 Buffer 类型
```

```
holder.setType( SurfaceHolder.SURFACE_TYPE_PUSH_BUFFERS );
// 下面开始实例化 MediaPlayer 对象
player = new MediaPlayer( );
player.setOnCompletionListener( this );
player.setOnErrorListener( this );
player.setOnInfoListener( this );
player.setOnPreparedListener( this );
player.setOnSeekCompleteListener( this );
player.setOnVideoSizeChangedListener( this );
Log.v( "Begin:::", "surfaceDestroyed called" );
// 然后指定需要播放文件的路径，初始化 MediaPlayer
String dataPath = Environment.getExternalStorageDirectory( ).getPath( )+"/Test_Movie.
m4v";
try {
player.setDataSource( dataPath );
Log.v( "Next:::", "surfaceDestroyed called" );
} catch ( IllegalArgumentException e ) {
e.printStackTrace( );
} catch ( IllegalStateException e ) {
e.printStackTrace( );
} catch ( IOException e ) {
e.printStackTrace( );
}
// 然后，我们取得当前 Display 对象
currDisplay = this.getWindowManager( ).getDefaultDisplay( );
}
@Override
public void surfaceChanged( SurfaceHolder arg0, int arg1, int arg2, int arg3 ) {
// 当 Surface 尺寸等参数改变时触发
Log.v( "Surface Change:::", "surfaceChanged called" );
}
@Override
public void surfaceCreated( SurfaceHolder holder ) {
// 当 SurfaceView 中的 Surface 被创建的时候被调用
```

```
// 在这里我们指定 MediaPlayer 在当前的 Surface 中进行播放
player.setDisplay( holder );
// 在指定了 MediaPlayer 播放的容器后，我们就可以使用 prepare 或者 prepareAsync 来准备播放了
player.prepareAsync( );
}
@Override
public void surfaceDestroyed( SurfaceHolder holder ) {
Log.v( "Surface Destory:::", "surfaceDestroyed called" );
}
@Override
public void onVideoSizeChanged( MediaPlayer arg0, int arg1, int arg2 ) {
// 当 video 大小改变时触发
// 这个方法在设置 player 的 source 后至少触发一次
Log.v( "Video Size Change", "onVideoSizeChanged called" );
}
@Override
public void onSeekComplete( MediaPlayer arg0 ) {
// seek 操作完成时触发
Log.v( "Seek Completion", "onSeekComplete called" );
}
@Override
public void onPrepared( MediaPlayer player ) {
// 当 prepare 完成后，该方法触发，在这里我们播放视频
// 首先取得 video 的宽和高
vWidth  = player.getVideoWidth( );
vHeight = player.getVideoHeight( );
if( vWidth > currDisplay.getWidth( ) || vHeight > currDisplay.getHeight( ) ) {
// 如果 video 的宽或者高超出了当前屏幕的大小，则要进行缩放
float wRatio =( float )vWidth/( float )currDisplay.getWidth( );
float hRatio =( float )vHeight/( float )currDisplay.getHeight( );
// 选择大的一个进行缩放
float ratio = Math.max( wRatio, hRatio );
vWidth =( int )Math.ceil( ( float )vWidth/ratio );
```

```
vHeight =( int )Math.ceil( ( float )vHeight/ratio );
// 设置 surfaceView 的布局参数
surfaceView.setLayoutParams( new LinearLayout.LayoutParams( vWidth, vHeight ) );
// 然后开始播放视频
player.start( );
}
}
@Override
public boolean onInfo( MediaPlayer player, int whatInfo, int extra ) {
// 当一些特定信息出现或者警告时触发
switch( whatInfo ){
case MediaPlayer.MEDIA_INFO_BAD_INTERLEAVING:
break;
case MediaPlayer.MEDIA_INFO_METADATA_UPDATE:
break;
case MediaPlayer.MEDIA_INFO_VIDEO_TRACK_LAGGING:
break;
case MediaPlayer.MEDIA_INFO_NOT_SEEKABLE:
break;
}
return false;
}
@Override
public boolean onError( MediaPlayer player, int whatError, int extra ) {
Log.v( "Play Error:::", "onError called" );
switch ( whatError ) {
case MediaPlayer.MEDIA_ERROR_SERVER_DIED:
Log.v( "Play Error:::", "MEDIA_ERROR_SERVER_DIED" );
break;
case MediaPlayer.MEDIA_ERROR_UNKNOWN:
Log.v( "Play Error:::", "MEDIA_ERROR_UNKNOWN" );
break;
default:
break;
```

```
}
return false;
}
@Override
public void onCompletion( MediaPlayer player ) {
// 当 MediaPlayer 播放完成后触发
Log.v( "Play Over:::", "onComletion called" );
this.finish( );
}
}
```

9.3 录音处理

Android 提供了两个 API 用于实现录音功能：android.media.AudioRecord 和 android.media.MediaRecorder。

9.3.1 AudioRecord

AudioRecord 的主要功能是实现边录边播（AudioRecord+AudioTrack）以及对音频的实时处理（如会说话的汤姆猫、语音），其主要优缺点如下。

（1）优点：语音的实时处理，可以用代码实现各种音频的封装。

（2）缺点：输出是 PCM 语音数据，如果保存成音频文件，是不能够被播放器播放的，所以必须先写代码实现数据编码以及压缩。

示例：

使用 AudioRecord 类录音，并实现 WAV 格式封装。录音 20s，输出的音频文件大概为 3.5M 左右。

9.3.2 MediaRecorder

MediaRecorder 已经集成了录音、编码、压缩等功能，支持少量的录音音频格式，如 .aac（API = 16）、.amr、.3gp。其主要优缺点如下。

（1）优点：大部分以及集成，直接调用相关接口即可，代码量小。

（2）缺点：无法实时处理音频；输出的音频格式不是很多，例如没有输出 MP3 格式文件。

示例：

使用 MediaRecorder 类录音，输出 amr 格式文件。录音 20s，输出的音频文件大概为

33K。

9.3.3 音频格式比较

WAV 格式：录音质量高，但是压缩率小，文件大。

AAC 格式：相对于 MP3，AAC 格式的音质更佳，文件更小；一般苹果或者 Android SDK4.1.2(API 16) 及以上版本支持播放。

AMR 格式：压缩比比较大，但相对其他的压缩格式质量比较差，多用于人声和通话录音。

至于常用的 MP3 格式，使用 MediaRecorder 没有该格式的输出。一些人的做法是使用 AudioRecord 录音，然后编码成 WAV 格式，再转换成 MP3 格式。

9.4 拍照与显示照片

拍照与显示照片的代码如下：

```
/* 用来标识请求照相功能的 activity*/
private static final int CAMERA_WITH_DATA = 3023;
/* 用来标识请求 gallery 的 activity*/
private static final int PHOTO_PICKED_WITH_DATA = 3021;
/* 拍照的照片存储位置 */
private static final File PHOTO_DIR = new File( Environment.getExternalStorageDirectory
( )+ "/DCIM/Camera" );
private File mCurrentPhotoFile;// 照相机拍照得到的图片
private void doPickPhotoAction( ) {
Context context = EditContact.this;
// Wrap our context to inflate list items using correct theme
final Context dialogContext = new ContextThemeWrapper( context,
android.R.style.Theme_Light );
String cancel=" 返回 ";
String[] choices;
choices = new String[2];
choices[0] = getString( R.string.take_photo ); // 拍照
choices[1] = getString( R.string.pick_photo ); // 从相册中选择
final ListAdapter adapter = new ArrayAdapter<String>( dialogContext,
```

```
android.R.layout.simple_list_item_1, choices );
final AlertDialog.Builder builder = new AlertDialog.Builder(
dialogContext );
builder.setTitle( R.string.attachToContact );
builder.setSingleChoiceItems( adapter, -1,
new DialogInterface.OnClickListener( ) {
public void onClick( DialogInterface dialog, int which ) {
dialog.dismiss( );
switch ( which ) {
case 0:{
String status=Environment.getExternalStorageState( );
if( status.equals( Environment.MEDIA_MOUNTED ) ){// 判断是否有 SD 卡
doTakePhoto( );// 用户点击了从照相机获取
}
else{
showToast( " 没有 SD 卡 " );
}
break;
}
case 1:
doPickPhotoFromGallery( );// 从相册中去获取
break;
}
}
} );
builder.setNegativeButton( cancel, new DialogInterface.OnClickListener( ) {
@Override
public void onClick( DialogInterface dialog, int which ) {
dialog.dismiss( );
}
} );
builder.create( ).show( );
}
}
```

```
/**
* 拍照获取图片
*
*/
protected void doTakePhoto( ) {
try {
// Launch camera to take photo for selected contact
PHOTO_DIR.mkdirs( );// 创建照片的存储目录
mCurrentPhotoFile = new File( PHOTO_DIR, getPhotoFileName( ));// 给新照的照片文
件命名
final Intent intent = getTakePickIntent( mCurrentPhotoFile );
startActivityForResult( intent, CAMERA_WITH_DATA );
} catch ( ActivityNotFoundException e ) {
Toast.makeText( this, R.string.photoPickerNotFoundText,
Toast.LENGTH_LONG ).show( );
}
}
public static Intent getTakePickIntent( File f ) {
Intent intent = new Intent( MediaStore.ACTION_IMAGE_CAPTURE, null );
intent.putExtra( MediaStore.EXTRA_OUTPUT, Uri.fromFile( f ));
return intent;
}
/**
* 用当前时间给取得的图片命名
*
*/
private String getPhotoFileName( ) {
Date date = new Date( System.currentTimeMillis( ));
SimpleDateFormat dateFormat = new SimpleDateFormat(
" IMG'_yyyy-MM-dd HH:mm:ss" );
return dateFormat.format( date ) + ".jpg";
}
// 请求 Gallery 程序
protected void doPickPhotoFromGallery( ) {
```

```
try {
// Launch picker to choose photo for selected contact
final Intent intent = getPhotoPickIntent( );
startActivityForResult( intent, PHOTO_PICKED_WITH_DATA );
} catch ( ActivityNotFoundException e ) {
Toast.makeText( this, R.string.photoPickerNotFoundText1,
Toast.LENGTH_LONG ).show( );
}
}
// 封装请求 Gallery 的 intent
public static Intent getPhotoPickIntent( ) {
Intent intent = new Intent( Intent.ACTION_GET_CONTENT, null );
intent.setType( "image/*" );
intent.putExtra( "crop", "true" );
intent.putExtra( "aspectX", 1 );
intent.putExtra( "aspectY", 1 );
intent.putExtra( "outputX", 80 );
intent.putExtra( "outputY", 80 );
intent.putExtra( "return-data", true );
return intent;
}
// 因为调用了 Camera 和 Gally，所以要判断它们各自的返回情况，它们启动时是这样的 startActivityForResult
protected void onActivityResult( int requestCode, int resultCode, Intent data ) {
if( resultCode != RESULT_OK )
return;
switch ( requestCode ) {
case PHOTO_PICKED_WITH_DATA: {// 调用 Gallery 返回的
final Bitmap photo = data.getParcelableExtra( "data" );
// 下面就是显示照片了
System.out.println( photo );
// 缓存用户选择的图片
img = getBitmapByte( photo );
mEditor.setPhotoBitmap( photo );
```

```
System.out.println( "set new photo" );
break;
}
case CAMERA_WITH_DATA: {// 照相机程序返回的，再次调用图片剪辑程序去修剪图
片
doCropPhoto( mCurrentPhotoFile );
break;
}
}
}
protected void doCropPhoto( File f ) {
try {
// 启动 Gallery 去剪辑这个照片
final Intent intent = getCropImageIntent( Uri.fromFile( f ) );
startActivityForResult( intent, PHOTO_PICKED_WITH_DATA );
} catch ( Exception e ) {
Toast.makeText( this, R.string.photoPickerNotFoundText,
Toast.LENGTH_LONG ).show( );
}
}
/**
* Constructs an intent for image cropping. 调用图片剪辑程序
*/
public static Intent getCropImageIntent( Uri photoUri ) {
Intent intent = new Intent( "com.android.camera.action.CROP" );
intent.setDataAndType( photoUri, "image/*" );
intent.putExtra( "crop", "true" );
intent.putExtra( "aspectX", 1 );
intent.putExtra( "aspectY", 1 );
intent.putExtra( "outputX", 80 );
intent.putExtra( "outputY", 80 );
intent.putExtra( "return-data", true );
return intent;
}
```

9.5 GPS 定位、地图、菜单

9.5.1 SRC 下面的代码

把稀疏编码的方法运用到分类中的机器学习方法，就叫作 SRC(sparse representation-based classifier)。Android 系统中 GPS 定位、地图和菜单各功能的开发和实现，因而需要运用 SRC，具体代码如下：

```
package com.map;
import java.util.List;
import com.google.android.maps.GeoPoint;
import com.google.android.maps.MapActivity;
import com.google.android.maps.MapController;
import com.google.android.maps.MapView;
import com.google.android.maps.Overlay;
import android.content.Context;
import android.content.Intent;
import android.graphics.Bitmap;
import android.graphics.BitmapFactory;
import android.graphics.Canvas;
import android.graphics.Paint;
import android.graphics.Point;
import android.location.Criteria;
import android.location.Location;
import android.location.LocationListener;
import android.location.LocationManager;
import android.os.Bundle;
import android.provider.Settings;
import android.util.Log;
import android.view.View;
import android.view.ViewGroup;
import android.view.WindowManager.LayoutParams;
import android.widget.Button;
```

```
import android.widget.Toast;
import android.widget.ZoomControls;
public class MyMapActivity extends MapActivity {
/** Called when the activity is first created. */
LocationManager locationManager;
String contextService=Context.LOCATION_SERVICE;
MapView gMapView;
MapController mc;
GeoPoint p;
double lat=10.0;
double lon=10.0;
Button button;
String provider;
Criteria criteria;
@Override
public void onCreate( Bundle savedInstanceState ) {
super.onCreate( savedInstanceState );
setContentView( R.layout.main );
gMapView =( MapView )findViewById( R.id.map );
gMapView.setStreetView( true );
mc = gMapView.getController(  );
mc.setZoom( 14 );
locationManager=( LocationManager )getSystemService( contextService );
criteria = new Criteria(  );
criteria.setAccuracy( Criteria.ACCURACY_FINE );// 高精度
criteria.setAltitudeRequired( false );// 不要求海拔
criteria.setBearingRequired( false );// 不要求方位
criteria.setCostAllowed( true );// 允许有花费
criteria.setPowerRequirement( Criteria.POWER_LOW );// 低功耗
if( locationManager.isProviderEnabled( LocationManager.GPS_PROVIDER ) ) {
Toast.makeText( MyMapActivity.this, "GPS 模块正常 ", Toast.LENGTH_SHORT ).show
( );
//loctionManager.setTestProviderEnabled( "gps",true );
}else{
```

```
Toast.makeText( MyMapActivity.this, " 请开启 GPS！ ", Toast.LENGTH_SHORT ).show
( );
Intent intent = new Intent( Settings.ACTION_SECURITY_SETTINGS );
startActivityForResult( intent,0 ); // 此为设置完成后返回到获取界面
//return;
}
ZoomControls zoomControls = ( ZoomControls ) gMapView.getZoomControls( );
zoomControls.setLayoutParams( new ViewGroup.LayoutParams( LayoutParams.WRAP_
CONTENT,
LayoutParams.WRAP_CONTENT ) );
gMapView.addView( zoomControls );
gMapView.displayZoomControls( true );
MyLocationOverlay myLocationOverlay = new MyLocationOverlay( );
List<Overlay> list = gMapView.getOverlays( );
list.add( myLocationOverlay );
p = new GeoPoint( ( int )( lat * 1000000 ), ( int )( lon * 1000000 ) );
provider= locationManager.getBestProvider( criteria, true );
button=( Button ) this.findViewById( R.id.button );
button.setOnClickListener( new View.OnClickListener( ) {
@Override
public void onClick( View arg0 ) {
// 从可用的位置提供器中，匹配以上标准的最佳提供器
try{
android.provider.Settings.Secure.setLocationProviderEnabled ( getContentResolver( ),
provider, true );
}catch( Exception e ){
Log.i( "MyMapActivity","erro="+e.getMessage( ) );
}
Toast.makeText( MyMapActivity.this, provider, Toast.LENGTH_SHORT ).show( );
Log.i( "MyMapActivity","provider="+provider );
// 获得最后一次变化的位置
Location location = locationManager.getLastKnownLocation( provider );
Toast.makeText( MyMapActivity.this, "location="+location, Toast.LENGTH_SHORT ).
show( );
```

```
Log.i( "MyMapActivity","location="+location );
if( location!=null ){
lat=location.getLatitude( );
lon=location.getLongitude( );
}
Log.i( "MyMapActivity","lat="+lat );
Log.i( "MyMapActivity","lon="+lon );
p = new GeoPoint( ( int )( lat * 1000000 ), ( int )( lon * 1000000 ) );
//gMapView.setSatellite( true );
mc.setCenter( p );
}
} );
// locationManager.setTestProviderEnabled( "gps", true );
locationManager.requestLocationUpdates( provider, 2000, 10, locationListener );
}
// 位置监听器
private final LocationListener locationListener = new LocationListener( ) {
@Override
public void onStatusChanged( String provider, int status, Bundle extras ) {
}
@Override
public void onProviderEnabled( String provider ) {
}
@Override
public void onProviderDisabled( String provider ) {
}
// 当位置变化时触发
@Override
public void onLocationChanged( Location location ) {
// 使用新的 location 更新 TextView 显示
if( location != null ) {
double lat = location.getLatitude( );
double lng = location.getLongitude( );
p = new GeoPoint( ( int ) lat * 1000000, ( int ) lng * 1000000 );
```

```
mc.animateTo( p );
}
}
};
public class MyLocationOverlay extends Overlay {
@Override
public boolean draw( Canvas canvas, MapView mapView, boolean shadow, long when ) {
super.draw( canvas, mapView, shadow );
Paint paint = new Paint( );
// 将经纬度转换成实际屏幕坐标
Point myScreenCoords = new Point( );
mapView.getProjection( ).toPixels( p, myScreenCoords );
paint.setStrokeWidth( 1 );
paint.setARGB( 255, 255, 255, 255 );
paint.setStyle( Paint.Style.STROKE );
Bitmap bmp = BitmapFactory.decodeResource( getResources( ), R.drawable.marker );
canvas.drawBitmap( bmp, myScreenCoords.x, myScreenCoords.y, paint );
canvas.drawText( "Here I am…", myScreenCoords.x, myScreenCoords.y, paint );
return true;
}
}
@Override
protected boolean isRouteDisplayed( ) {
// TODO Auto-generated method stub
return false;
}
}
```

9.5.2 AndroidManifest.xml 的代码

一般而言，在 Android 开发中，当前应用的版本信息可以进行自动升级判断。这个过程需要扩展自定义数据 meta-data，这些数据都在可以 AndroidManifest.xml 中实现，具体代码如下：

```
<?xml version="1.0" encoding="utf-8" ?>
<manifest xmlns:android="http://schemas.android.com/apk/res/android" package="com.
```

```
map" android:versionCode="1" android:versionName="1.0">
    <uses-sdk android:minSdkVersion="6" />
    <uses-permission android:name="android.permission.ACCESS_FINE_LOCATION" />
    <user-permission android:name="android.permission.ACCESS_COARSE_LOCATION" />
    <uses-permission android:name="android.permission.READ_PHONE_STATE" />
    <uses-permission android:name="android.permission.INTERNET" />
    <uses-permission android:name="android.permission.ACCESS_MOCK_LOCATION" />
    <uses-permission android:name="android.permission.UPDATE_DEVICE_STATS" />
    <application android:icon="@drawable/icon" android:label="@string/app_name">
    <uses-library android:name="com.google.android.maps" />
    <activity android:name=".MyMapActivity" android:label="@string/app_name">
    <intent-filter>
    <action android:name="android.intent.action.MAIN" />
    <category android:name="android.intent.category.LAUNCHER" />
    </intent-filter>
    </activity>
    </application>
    </manifest>
```

9.5.3 布局文件代码

在 Android 中，UI 界面是非常重要的，能够直接决定界面的美观度；而界面又是通过布局文件设定的。布局文件的具体代码如下：

```
    <?xml version="1.0" encoding="utf-8" ?>
    <LinearLayout xmlns:android="http://schemas.android.com/apk/res/android"
android:orientation="vertical" android:layout_width="fill_parent" android:layout_height="fill_
parent">
    <Button android:id="@+id/button" android:layout_width="fill_parent" android:layout_
height="wrap_content" android:text=" 定位 " />
    <com.google.android.maps.MapView android:id="@+id/map" android:layout_width="fill_
parent" android:layout_height="wrap_content" android:enabled="true" android:clickable="true"
android:apiKey="0DinaLD2lj9UT9z5Pm3kudTLR7TobwpQBBDRlew" />
    </LinearLayout>
```

9.6 手机 Wi-Fi 的使用

很多公司采用的是基于域验证的 Wi-Fi，这种基于域验证的 Wi-Fi 有两种，一种是需要证书的，一种是不需要证书的。

目前大部分公司使用的都是 802.1x 协议，但 EAP 的类型有很多种，这就是为什么你苦苦搜索的结果不能使用，发帖人却正常使用。因此首先要明确公司所采用的 EAP 类型，有条件的话可以直接向 IT 咨询。如果个人笔记本已经可以上 Wi-Fi，那么直接查看笔记本设计即可。

下面主要讲下如何用 Android 连接使用 802.1x 协议且 EAP 类型为 PEAP 的网络。

（1）确认本次设置是否合适你的 Wi-Fi 环境。

①确保你所在的网络使用的是域认证，而认证的方式不是基于证书认证。如果不知道自己公司的网络是否是基于证书验证的，你可以让你的同事先注销，然后用你的账户密码在他的机器上登录，如果可以登录，就很有可能是不基于证书的验证。

② Android 在开启 Wi-Fi 的时候可以扫描出自己公司的 Wi-Fi 网络，并且提示为已受 WEP 保护，点击连接时却提示需要 WEP 密码。

如果以上两点你都符合，恭喜你，你的 EAP 类型 90% 是 PEAP 类型，按照下面的步骤你就可以连接 Wi-Fi 了。

（2）确认你的 Android 手机已经 root。

（3）关闭 Wi-Fi，打开 Root Explorer（推荐使用英文版）找到 /data/misc/Wi-Fi/wpa_supplicant.conf，编辑该文件。

如果你对程序完全不懂，请在 Root Explorer 的文版编辑器内直接删除该文件的所有内容然后输入如下代码：

```
ctrl_interface=eth0
update_config=1
network={
ssid=" 你的 ssid"
scan_ssid=1
key_mgmt=IEEE8021X
auth_alg=OPEN SHARED
eap=PEAP
identity=" 域名 \ 你的账户名 "
password=" 你的密码 "
```

```
priority=4
}
```

输入结束后，进行保存。

不要担心你所删除的代码，下次你连接其他 Wi-Fi 的时候系统会自动将其配置保存到该文件。

使用 Root Explorer 编辑该文件的权限（Permissions）时，要将 User Group Others 的 RWE 权限都带上。

（4）启动 Wi-Fi。

9.7　编写一个简单的音乐播放器

本系统的主要功能有播放音乐、搜索音乐、保存音乐、接受广播。其中播放音乐主要包括的子功能有上一首、下一首、暂停功能、播放功能，搜索音乐包括搜索媒体歌曲和媒体歌词，保存音乐就是将音乐存储在手机内存卡中，接受广播则是进行播放服务和接收音乐服务。系统的整体结构如图 9–1 所示。

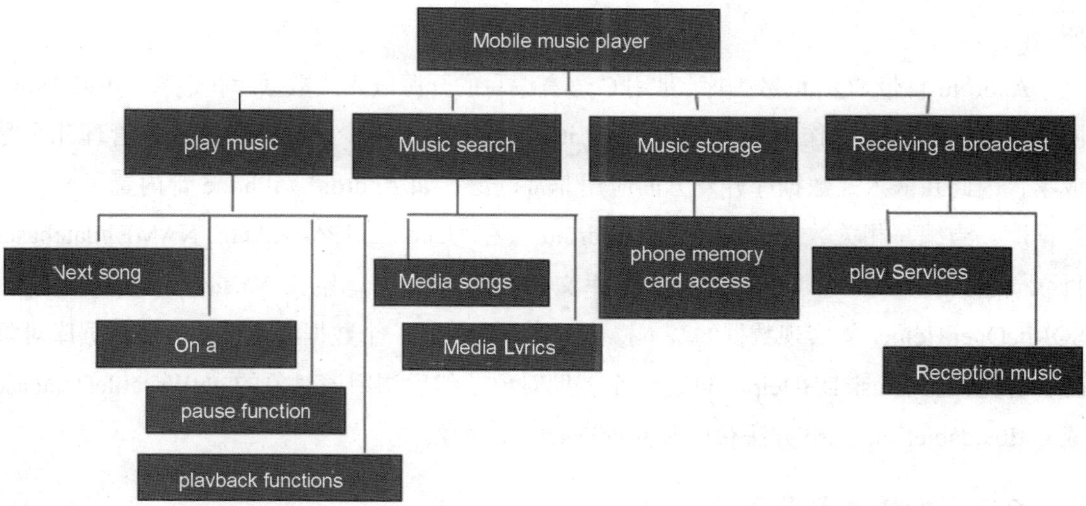

图 9–1　系统功能图

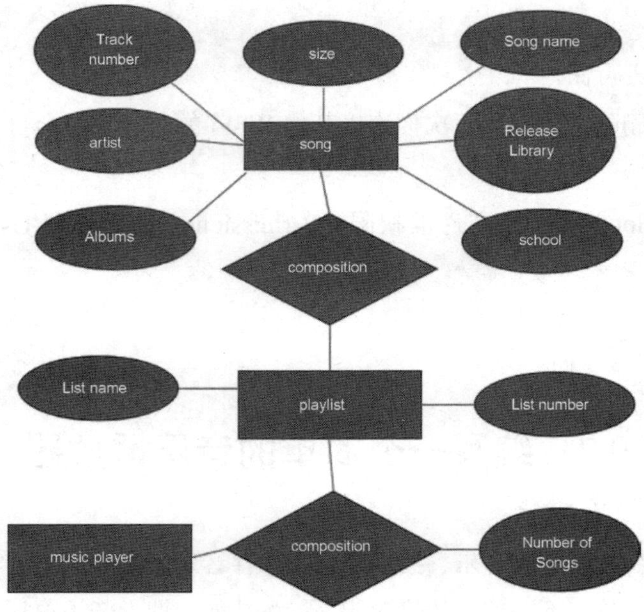

图 9-2 播放器 E-R 图

音乐播放器的主要组成是播放列表、歌曲。播放列表的属性是歌曲的名字和编号，歌曲的属性则包括曲目号码、大小、艺术家、专辑、歌曲名字、发行库、流派等，如图 9-2 所示。

Android 自带 SQLite 数据库，是用 C 语言编写的开源嵌入式数据库，支持 SQL92 标准，同时可在所有主流操作系统上运行。SQLite 运行资源占用少、性能良好并且管理几乎零成本，因此在嵌入式数据库开发方面应用非常广泛，如 Android、iPhone 都内置了 SQLite 数据库。当编写相关数据库代码后，Android 会在 /data/data/[PACKAGE_NAME]/databases 目录下生成一个"music. db"的数据库文件。在本文中，定义 MusicDBHelper extends SQLiteOpenHelper 类实现数据的基本操作。当需要打开一个数据库连接并获得数据库对象时，首先根据 MusicDBHelper 创建一个辅助对象，然后调用该对象的 getWritableDatabase 或 getReadableData base 方法获得 SQLiteDatabase 对象。

9.7.1 播放器主界面

Android 应用系统中，用户界面框架（Android UI Framework）使用了 MVC（Model-View-Controller）模型，即处理用户输入的控制器（Controller）、显示用户界面和应用程序的视图（View），以及保存数据的模型（Model）。用户界面通过布局配置文件进行布局，该文件包括各种布局方式和各种资源文件，如图像、文字、颜色等。程序通过代码对各种配置数据进行操作，以便形成不同的可视化用户界面和绚丽的视觉效果。播放器主界面由一个 Activity 组成，每当 Android 应用程序启动时，Activity 首先执行 OnCreate( ) 方法，通过该方法执行用户界面的初始化操作。Activity 有个专门用于布局的方法：Context.setContentView(String musiclayoutResID)，参数为要加载的资源 ID。该资源存放在工程目录 res/layout 下，在本课中，用户主界面布局文件被命名为 music_rack，下面为 music-rack.xml 布局文件代码结构：

```
<?xml version="1.0"encoding="utf-8"> <AbsoluteLayout>
// 按照绝对坐标定义布局
<LinearLayout></LinearLayout> <SeekBar></SeekBar>
<LinearLayout></LinearLayout> </AbsoluteLayout>
```

在本课中，通过绝对布局 <AbsoluteLayout> 里嵌套两种线性布局 <LinearLayout> 和 <SeekBar> 勾勒了该音乐播放器的用户界面轮廓，其中 <LinearLayout> 实现了歌曲的标题和歌曲名的显示位置，<AbsoluteLayout> 布局设置布局 <LinearLayout> 来显示歌曲标题的绝对坐标位置。在每个布局 <LinearLayout> 内可以设置多个 Widget(窗体组件)，如 <TextView>、<ImageButton>。每个窗体组件内可以有多种属性，用来设置该窗体组件的坐标、大小、背景和颜色等参数。在该音乐播放器的用户界面中，歌词显示为居中，下面是歌词显示的实现代码：

```
<LinearLayout android：orientation= “horizontal” android:gravity=” center” android:layout_height=” wrap_content” android：layout_width=” fill_parent” >
<TextView android:layout_height=” wrap_content” android:textColor=” fffeeee” android:id=” @+id/lrcText” android:layout_width=” wrap_content” ></TextView> </Linearlayout>
```

9.7.2 播放界面音轨的实现

在 Android 系统中，自带有播放音轨的组件，但该组件不能从外观界面和功能上满足用户的实际需求，为了实现用户的使用要求，本款播放器自定义了一个 Lookfor 音轨进度条，其实现的代码如下：

```
<Lookfor android:id="@+id/lookforbar" android:layout_height="wrap_content" android:paddingLeft="5dip" android:layout_width="fill_parent" android:paddingRight="5dip" android:layout_marginLeft="10dip" android:layout_marginRight="10dip" android:layout_gravity="center"
android:layout_marginTop="90dip" android:progressDrawable="@drawable/lookfor_png" android:thumb="@drawable/media_player_progress_button" />
```

上面的参数中 android:thumb="@drawable/media_player_progress_button" 为加载音轨进度条的图片资源。android:progressDrawable="@drawable/seekbar_img" 为进度条引用的风格。android:layout_width="fill_parent" 指定进度条的宽度为充满整个屏幕，而 android:layout_height="wrap_content" 指定进度条的高度为适中，根据显示所需的大小进

行变化。

9.7.3 播放器播放、暂停、停止等功能实现

在 Android 操作系统中，已经封装了一个命名为 MediaPlayer 的音乐播放接口，该接口在执行时需要一个数据源。在本款播放器的功能主要分两部分实现：首先执行开始按钮的监听操作和通过 Intent 调用歌曲信息；再调用 play( ) 方法进行播放。同时可在 MusicPlayer 中发出音乐调用 pause( ) 暂停或调用 stop( ) 停止的事件。

在 MusicPlayerService 中接受 Intent 信息，根据信息的内容通过定义 onStart(Intent intent, int startId) 实现开始播放、暂停、停止等操作。

在监听器中创建一个 Intent 对象，当操作发生后由 MusicPlayer 跳转到 MusicPlayerService，然后读取歌曲文件的相关信息并压入 Intent 中，再传递到 Service 中。当执行播放操作时，首先获取要播放的歌曲信息，如路径和歌曲名，然后调用 MediaPlayer 接口读取数据，并开始播放。当执行播放、暂停、停止等功能时，则只需根据相关指令进行操作即可，不需要再进行数据的读取。

9.7.4 播放列表的实现

播放器的播放列表主要包括歌曲名字、演唱者、歌曲时间，播放列表配置文件框架结构主要如下所示：

```
<?xml version="1.0" encoding="utf-8"?> <LinearLayout>
<ImageView android:id="@+id/listitem" /> <LinearLayout >
<TextView android:id="@+id/music"> <TextView android:id="@+id/singer" /> </
LinearLayout> <TextView android:id="@+id/time" /> </LinearLayout>
```

在以上配置文件中，TextView 用于定义每一个文本框，显示歌曲的名字和演唱者以及时间。而播放列表的功能通过调用自定义方法 getMusicView(int pos, View conView, ViewGroup viewParent) 来实现。该方法收到从存储卡中读取歌曲返回的信息后，以列表的形式显示出来，当用户打开列表时会自动搜索本地的歌曲文件，并显示在列表中，当本地没有歌曲文件时，则提示列表为空。

9.7.5 菜单功能

在菜单功能中，该文只设置了退出选项，旨在减少程序代码的冗余，程序中的 MusicMenu.java 设置了一个 List<String> 容器，用于存放 String 类型的数据，如 menu.add(0, ITEM, 0, " 退 出 ")，然后通过 intent.setAction(MUSIC_SERVICE) 方法传递到 MusicPlayerService 中去。

9.7.6 手机扩展卡的访问

为了更好地管理音乐文件，我们专门为本款播放器开发了文件浏览功能。当打开音乐文件浏览器时，可以显示文件的目录结构、歌曲文件的文件名和文件图标等信息。对于每个可查看到的文件，都可对其进行文件管理操作。因为本款播放器的文件浏览功能是专为播放器操作歌曲而设计的，因此通过该文件浏览器只能查看和操作音乐文件。在主菜单界面上，选择新增选项进入到文件浏览器，或者当播放列表为空时，会提示用户进入文件浏览器新增歌曲。代码实现如下所示：

```
public void querySdcardMusicInfo( ) {
if( _ids == null ) return;
myCur = getContentResolver( ).query(
// 查询存储卡内的歌曲信息
MediaStore.Audio.Media.EXTERNAL_CONTENT_URI, new String[] {
MediaStore.Audio.Media.TITLE,// 歌曲标题
MediaStore.Audio.Media.DURATION,// 歌曲时间
MediaStore.Audio.Media.ARTIST,// 歌曲作者
MediaStore.Audio.Media.ALBUM,
MediaStore.Audio.Media.DISPLAY_NAME }, "_id=?",
new String[] { _ids[position] + "" }, null ); myCur.moveToFirst( );
String name = myCur.getString( 4 ).substring( 0, myCur.getString( 4 ).lastIndexOf( "." ) );
System.out.println( name );
read( "/sdcard/" + name + ".lrc" );
}
```

利用 Android 多媒体自带的存储方法进行数据的存储，这样可以较好地利用系统资源，其中 MediaStore.Audio.Media.TITLE 代表查找歌曲的标题，MediaStore.Audio.Media.DURATION 代表查找歌曲的时间，MediaStore.Audio.Media.ARTIST 代表查找歌曲作者，MediaStore.Audio.Media.ALBUM, 代表查找歌曲所属的专辑。

9.7.7 仿真结果和性能测试

1. 仿真结果

如图 9-3 所示，即为播放器的主界面，主要由歌曲名字、歌手头像、歌词、进度条和各种播放功能组成。

图 9-3 播放器主界面图

2. 性能测试

Android 应用在 CPU 占用内存消耗方面的性能指标是影响产品质量的重要因素，由于有些应用都提供直观的内存消耗和流量监控功能，致使用户比以往更加关注软件的性能，并以此进行软件选用的决策。

目前，已经有很多可以监控 Android App 性能的工具可以供开发人员使用，例如：基于 Eclipse 插件体系的 MAT，其通过生成 .hprof 文件对内存泄漏情况进行排查；内存检测工具 APT 通过提供 CPU 利用率实时曲线图，方便对比测试内存泄漏问题，如图 9-4 所示。

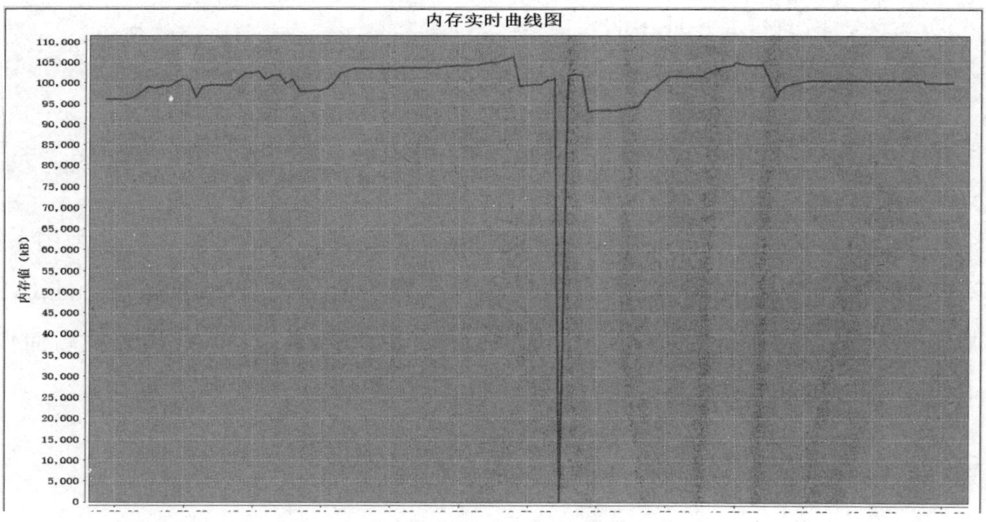

图 9-4 通过 APT 实时监测 Android 应用的内存和 CPU 使用情况

目前最成熟的 Android 性能监测工具往往产生于 Eclipse-ADT 时代；而在 Android Studio 日益稳定的今天，Android 开发人员已经有了更好的选择，从 Google 官网已经不再提供 APT 集成开发环境的下载可以看出，Android Studio 已经是大势所趋。以下总结几个适用于 Android Studio 的 Android 质量控制工具。

（1）Lint for Android Studio 工具。

在性能测试之前，首先要对工程源码进行排错和调优。Android Lint 可以通过扫描和检查对 Android 工程可能存在的问题进行审查，是一种静态测试工具，通过发现代码中可能存在的问题来保证应用发布前程序的质量。早期的 Lint 工具可以与 Eclipse 集成，如今 Android Studio 已经内置这一工具。通过在工程标题上右键，然后单击“Analyze”→“Inspect Code”可以打开该工具，如图 9-5 所示。

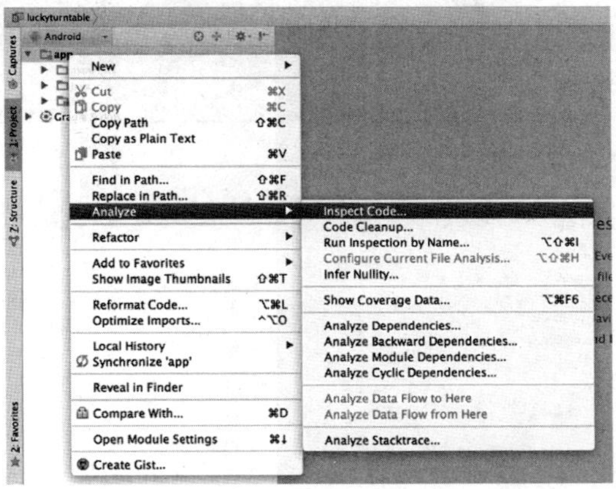

图 9-5　在 Android Studio 中调用 Lint

Android Lint 可以检查出的错误包括：

① Missing translations (and unused translations)：没有翻译的文本；

② Layout performance problems：布局性能；

③ Unused resources：未使用的冗余资源；

④ Inconsistent array sizes (when arrays are defined in multiple configurations)

在多个配置中的数组大小不一致文件；

⑤ Accessibility and internationalization problems (hardcoded strings, missing：Content description,etc)；

⑥ Icon problems (like missing densities, duplicate icons, wrong sizes,etc)；

⑦ Usability problems (like not specifying an input type on a text field)；

⑧ Manifest errors。

此外还有双击错误信息，可以看到错误的详情介绍和在代码中的位置，如图 9-6 所示。（这里的错误往往不是异常或 error，而是代码中可以进一步优化的部分）

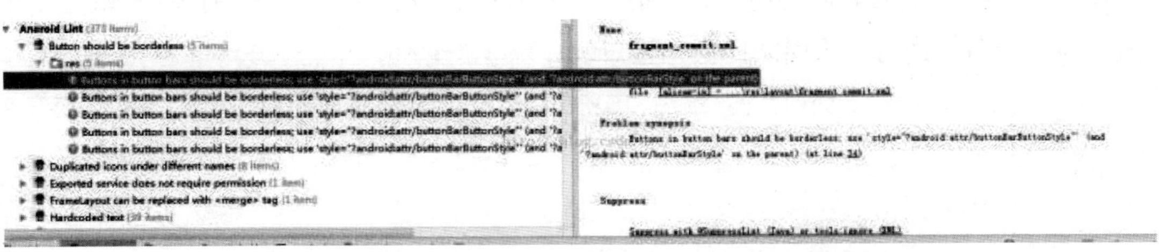

图 9-6　使用 Android Studio Lint 优化代码

代码没有问题后，就可以将程序运行起来，进行下一步的内存和 CPU 监测了。

（2）Memory Monitor 工具。

Memory Monitor 是 Android Studio 提供的性能分析工具，可以通过视图直观地看到 Android 应用的内存和 CPU 占用情况。程序运行后，可以观察 IDE 底部的视图，如图 9-7 所示。

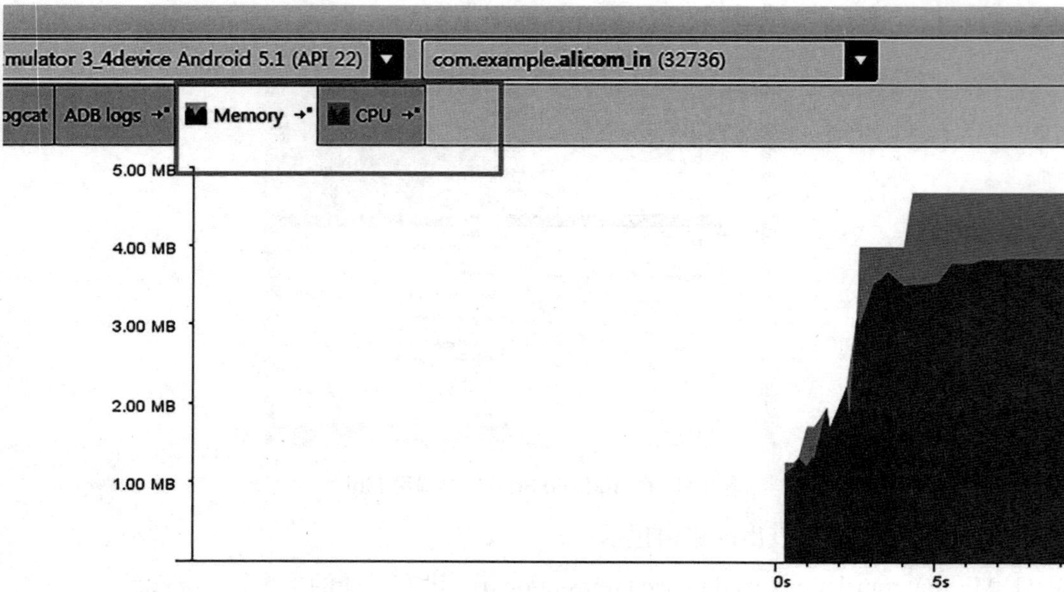

图 9-6 Memory Monitor 视图（1）

现在可以在 Android Virtual Device 上或真机上对应用进行操作，Memory Monitor 可以反映出当前操作带来的 CPU 和内存变化，如图 9-8 所示。

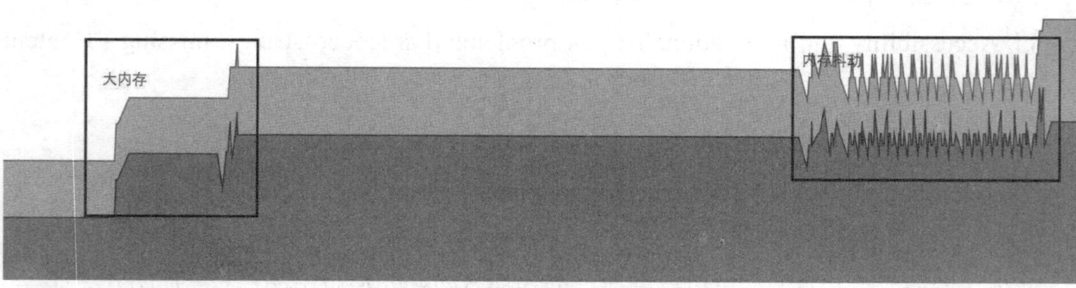

图 9-8 Memory Monitor 视图（2）

Android 应用性能指标是开发人员和用户所关注的重点，可以为今后的客户端开发工作进行技术储备，还可以为团队提供先验知识。

参考文献

[1] 李柯泉．构建跨平台 APP（jQuery Mobile 移动应用实战）[M]．北京：清华大学出版社，2014.

[2] 刘甫迎，刘焱．Android 移动编程实用教程 [M]．北京：电子工业出版社，2012.

[3] 戚永军，翟智平，耿娟平．基于 Comet 的 Web 即时通讯系统设计与实现 [J]．计算机科学，2012（S2）.

[4] 沈洪洲，宗乾进，袁勤俭．应用 Google 云消息框架 C2DM 实现商务信息推送服务 [J]．现代图书情报技术，2012（06）.

[5] 张京，刘甫迎．基于 Android 云计算消息框架（C2DM）的 FoxNews_MID 手持移动系统的研究 [J]．计算机科学，2011（S1）.

[6] 张长学，张伟，董智明．移动推送技术面面观 [J]．移动通信，2011（05）.

[7] 余勇．基于 ASP.NET 及 Comet 技术的 WEB 即时通信系统的设计与实现 [J]．电脑与电信，2010（09）.

[8] 华春，胡明．Push 和 pull 两种调度机制的仿真分析与研究 [J]．光通信技术，2008（10）.

[9] 梁鹏，欧阳秀平，董越，等．PUSH 技术在 WAP2.0 中的应用 [J]．电信网技术，2003（12）.

[10] 张思全，张占松．WAP2.0 PUSH 技术在无线网络中的应用 [J]．电子质量，2003（01）.